L'art du Kakuro Intermédiaire Vol.1

L'art du Kakuro Intermédiaire Vol.1

Edition papier Juin 2020

L'art du Kakuro
Intermédiaire Vol.1

ÉDITIONS DUCOURT

Table des matières

Comment jouer

L'objectif du Kakuro est de remplir les cases vides avec des chiffres entre 1 et 9 de sorte que la somme soit égale au nombre indiqué, et que la somme ne contienne pas deux fois le même chiffre.

Exemple

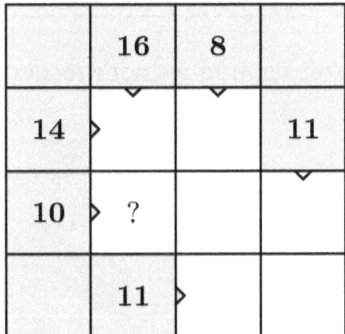

Le point d'interrogation est à l'intersection d'un 16 en 2 et d'un 14 en 2. 16 ne peut se décomposer qu'en 7+9. Mais 14 ne peut pas être décomposé en 7+7 car il y aurait une répétition. Le chiffre recherché est donc un 9.

Ici on essaye de compléter un 8 en 3 cases, il y a déjà un 5. Cette case doit donc être un 1 ou un 3. Mais 1 ne peut pas être la bonne réponse car il faudrait un 10 pour compléter le 11 adjacent. Le chiffre recherché est donc un 2.

	16	8	
14 ▷	9	5	11
10 ▷	7	1	2
	11 ▷	2	9

Il existe de nombreuses autres techniques pour résoudre un Kakuro, à vous de les découvrir !

Puzzles

Puzzle 1

Solution en page 133

				9	13	3			29	11
			17 22				6	13		
	27	15 12						7 15		
20				15		17				
30					6	10	19 14			
6			31							
8				9						

Puzzle 2

Solution en page 133

		10	30		16	17			17	14
	12			17 10				11		
	25						24	16 11		
		12 8			23 20					
	22 16					9 7			14	
9				30						
10				8		10				

5

Puzzle 3

Solution en page 133

		29	20					12	23
	10▷			17	8		12▷		3
	28▷				22	8▷ / 19			
	36▷ / 11						4▷ / 9		
3▷			37▷ / 17						
20▷					14▷				
	15▷						3▷		

Puzzle 4

Solution en page 133

		13	27	14	15			18	23
	29▷						8▷		
	11▷ / 28				28	16▷			
23▷ / 10			13▷ / 13			11▷ / 15			
5▷		17▷		18▷ / 9					
14▷			28▷						
10▷			10▷						

Puzzle 5

Solution en page 133

	11	27		24	29			26	24	
3			16				16			
17			17/10			15	12			
	25						6/8			
	10			25						12
	4				4			4		
	5				11			11		

Puzzle 6

Solution en page 133

	13	34		21	20			15	35	
17			17				3			7
8			16/28			30	7			
	20/6						23/19			
19				27						14
14					16			16		
	17				8			14		

Puzzle 7

Solution en page 134

			11	13		10	13			
		13			6			16	23	14
	22	4 / 15		31 / 16			22 / 14			
12		13 / 3								
19			10 / 4				13 / 16			
19					16					
		4			8					

Puzzle 8

Solution en page 134

			9	27	3			15	33	
		9 / 19				3	12			
	19 / 6						17 / 14			11
12				4 / 5			7 / 21			
8			13 / 14			23 / 3				
	7			23						
	16				13					

Puzzle 9

Solution en page 134

Puzzle 10

Solution en page 134

Puzzle 11

Solution en page 134

Puzzle 12

Solution en page 134

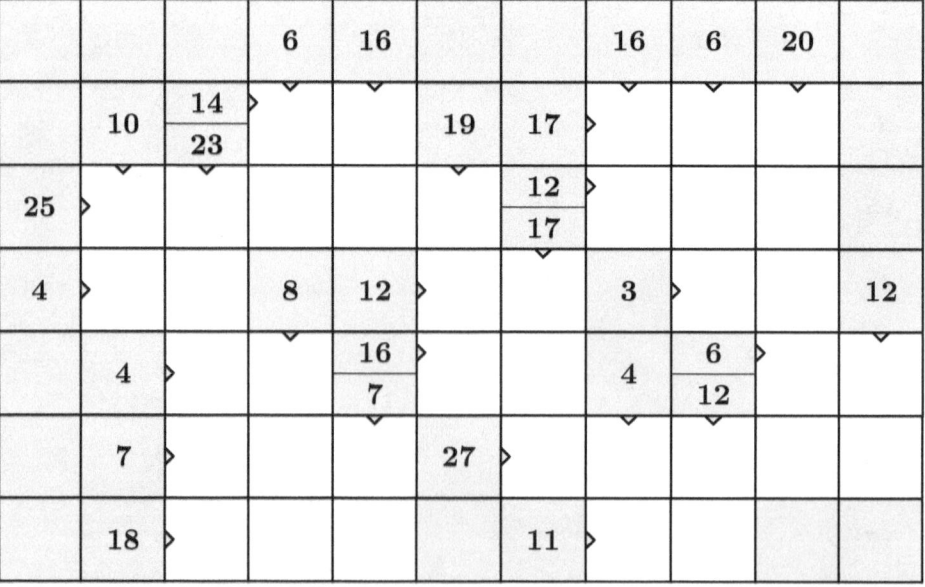

Puzzle 13

Solution en page 135

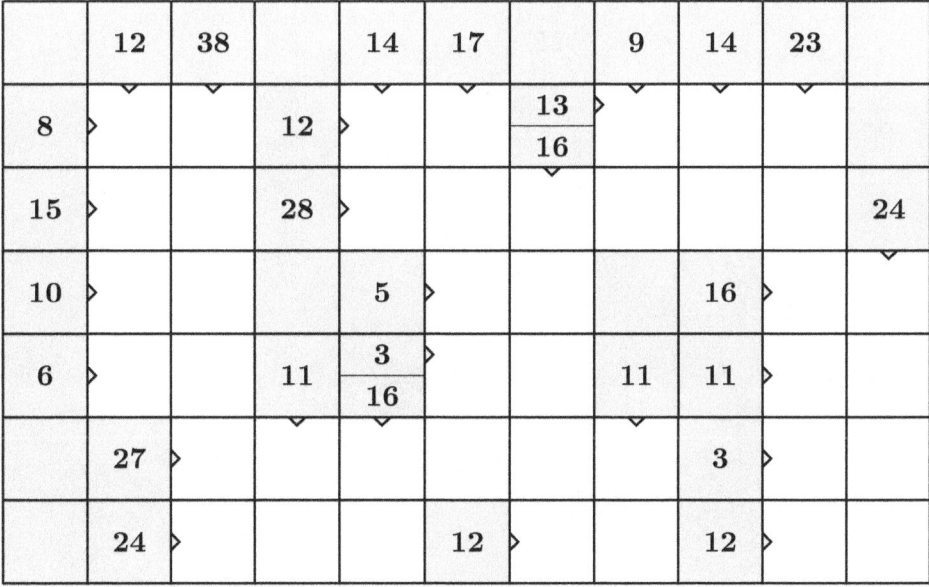

Puzzle 14

Solution en page 135

Puzzle 15

Solution en page 135

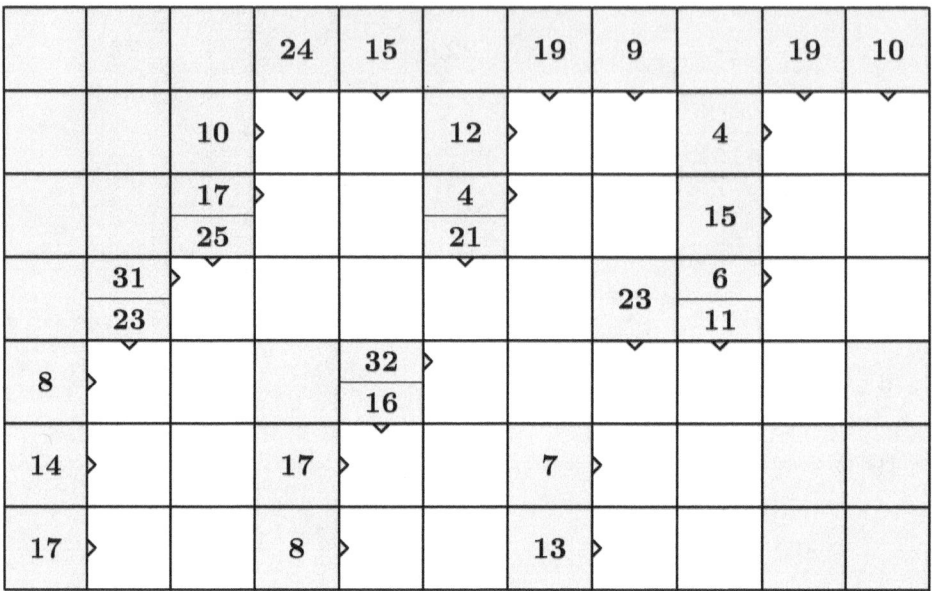

Puzzle 16

Solution en page 135

Puzzle 17

Solution en page 135

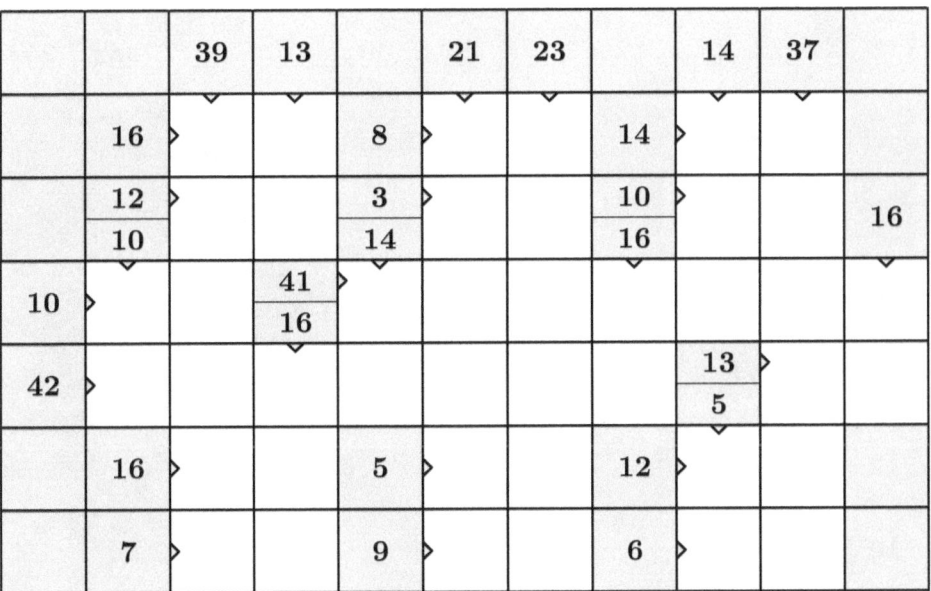

Puzzle 18

Solution en page 135

Puzzle 19

Solution en page 136

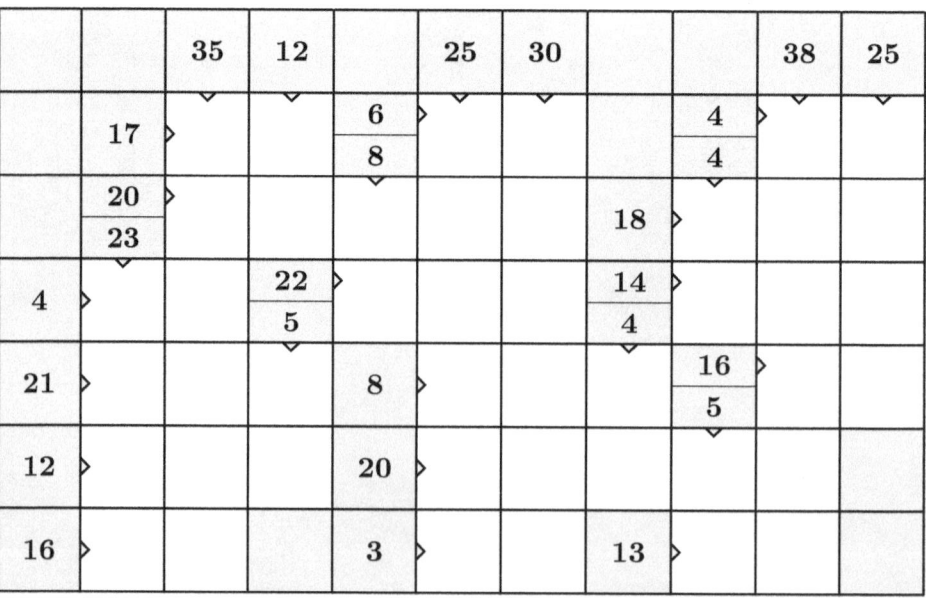

Puzzle 20

Solution en page 136

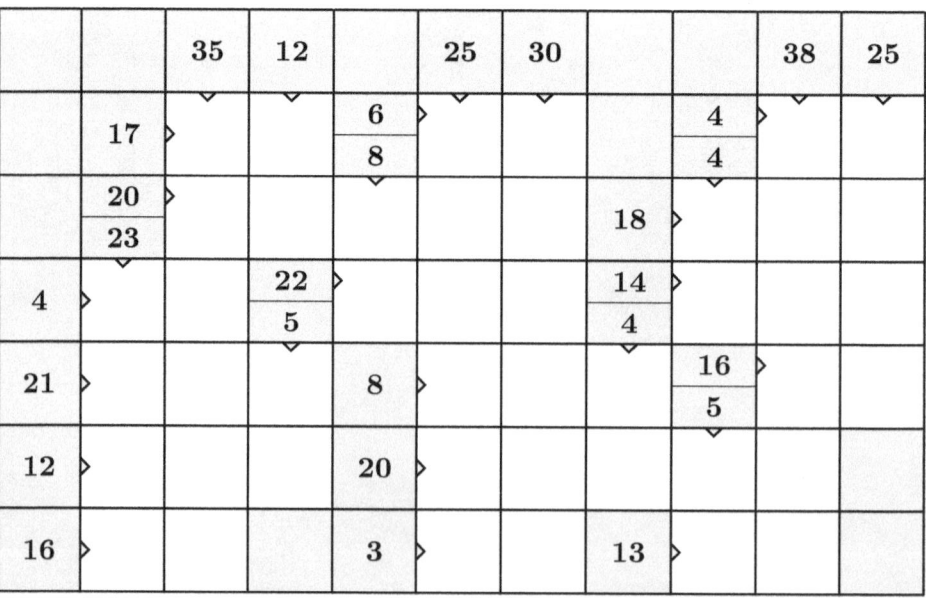

Puzzle 21

Solution en page 136

		12	12			4	22		11	3
	7				6 / 12			3		
	9			11 / 25				10 / 11		
		13 / 11				12 / 10				
	18 / 4				19 / 13				4	
3			17				6			
4			12				4			

Puzzle 22

Solution en page 136

		36	8	10				17	36	27
	21						18			
	9 / 14			7	6	23				
11			6				24	6		
7			4	19				16 / 11		
7						22				
14						21				

Puzzle 23

Solution en page 136

		38	22		7	8			39	22
	4			4 / 11				16		
	18						10	17 / 24		
	24 / 9			31 / 11						
18					9 / 14					
15			18							
10			16			15				

Puzzle 24

Solution en page 136

		39	9					19	30	
	16 / 26						17			11
10				16	5	13	13 / 11			
13			35 / 19							
35								7 / 4		
20							16			
	17						3			

Puzzle 25

Solution en page 137

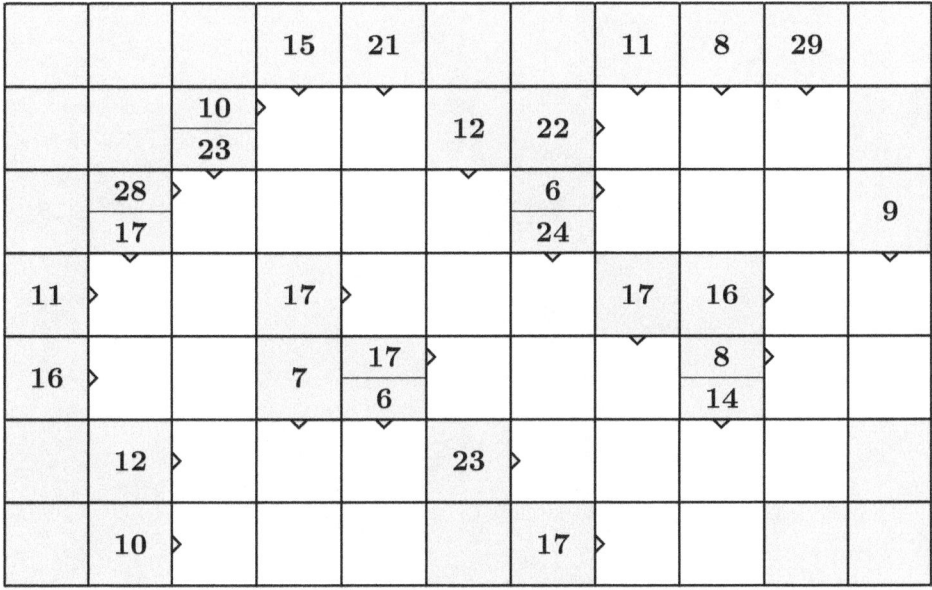

Puzzle 26

Solution en page 137

Puzzle 27

Solution en page 137

		27	14		21	28			24	25
	7▷			13▷ / 14▽				14▷		
	29▷ / 26▽							13▷		
14▷			10▷				16	3▷		
4▷				20▷				11▷ / 16▽		
12▷				28▷						
16▷				3▷			14▷			

Puzzle 28

Solution en page 137

		20	17			34	23			
	16▷				17▷ / 16▽			16		
	10▷ / 5▽			26▷					15	8
9▷			3	23▷ / 9▽						
28▷								12▷ / 8▽		
		14▷					3▷			
			4▷				12▷			

Puzzle 29

Solution en page 137

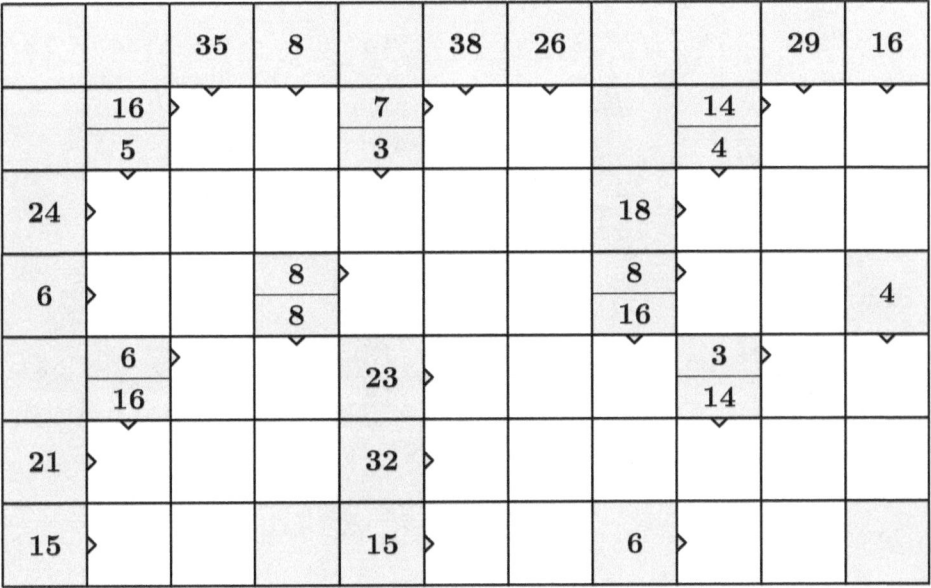

Puzzle 30

Solution en page 137

Puzzle 31

Solution en page 138

	6	18			11	4			6	11
9				6\22			24	12\19		
13			29\10							
	12				17			13	
	17	3\7			4	17\10			17
32							15		
11			9				14		

Puzzle 32

Solution en page 138

	15	34			13	14			34	12
17				8\9				6		
11			22\15				15	15\7		
	12				10\10				
	20\16				13\13				3
17			24				9		
8			7				11		

Puzzle 33

Solution en page 138

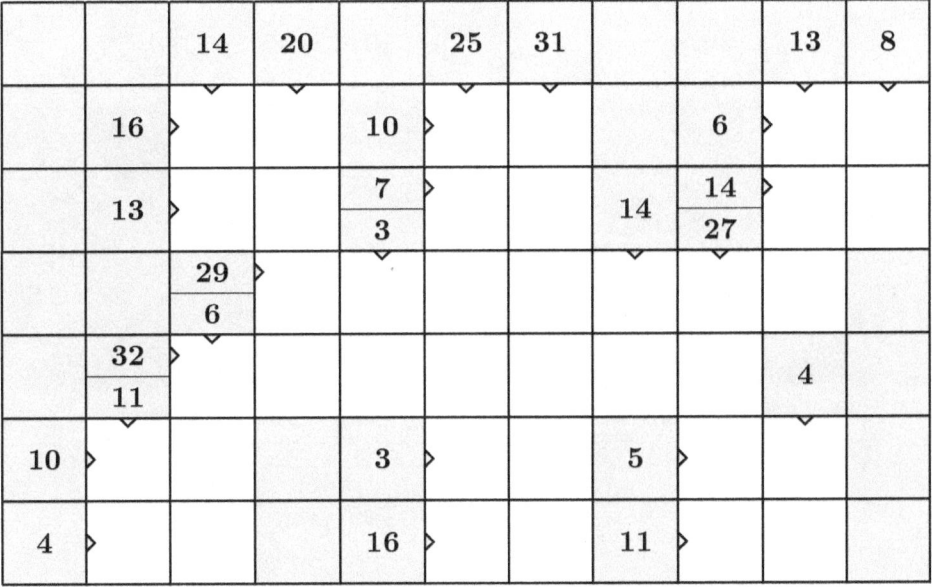

Puzzle 34

Solution en page 138

Puzzle 35

Solution en page 138

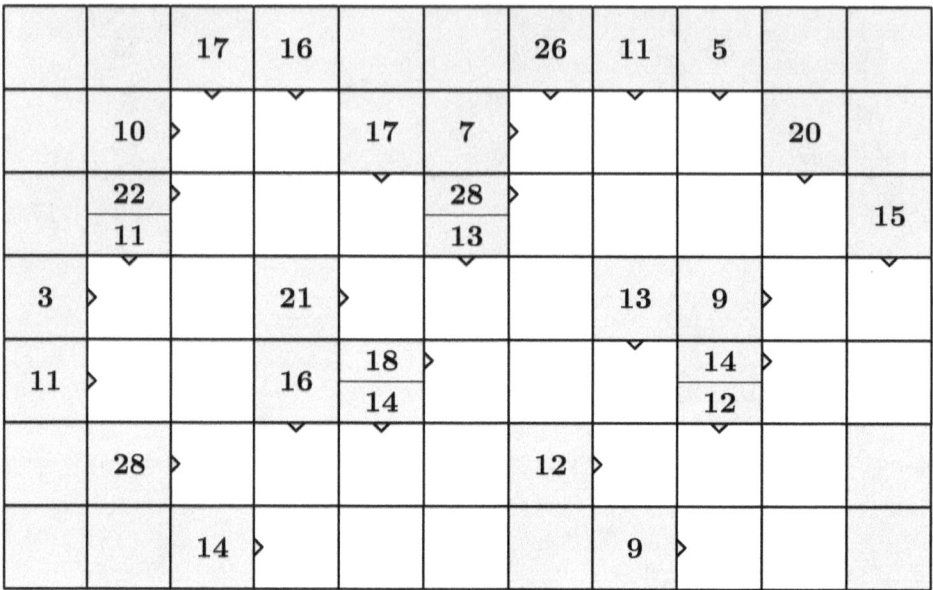

Puzzle 36

Solution en page 138

Puzzle 37

Solution en page 139

		35	15			17	25		23	7
	15 ▷				17 ▷			10 ▷		
	8 ▷			17	10 / 28 ▷			5 ▷		
	22 / 23 ▷							8 / 13 ▷		
15 ▷			33 ▷							
16 ▷			8 ▷				3 ▷			
13 ▷			16 ▷				4 ▷			

Puzzle 38

Solution en page 139

	6	22			34	27		24	11	
12 ▷				7 ▷			3 / 15 ▷			
11 ▷			22	30 ▷						
	6 ▷			28 / 17 ▷					10	
	29 / 17 ▷						7 ▷			12
	31 ▷							16 ▷		
	16 ▷			16 ▷				5 ▷		

Puzzle 39

Solution en page 139

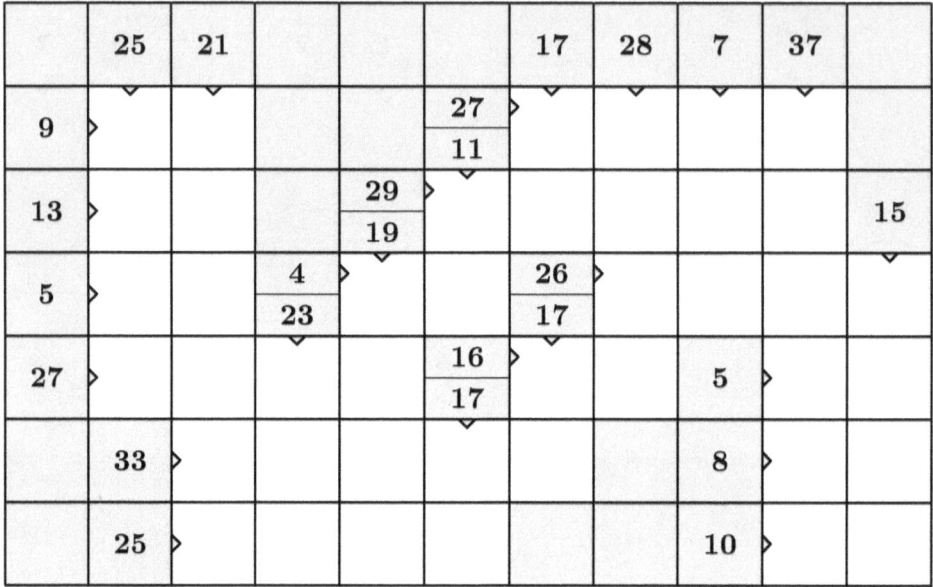

Puzzle 40

Solution en page 139

Puzzle 41

Solution en page 139

	12	16		10	11			27	10	
17			4			14	6			
7			16 / 27				16 / 13			
	13				16 / 14				19	
		15 / 13				22 / 12				9
	15			21				16		
	14				4			5		

Puzzle 42

Solution en page 139

			15	8			7	4	19	
		6			14	15				
	5	13 / 22				6 / 21				11
11				10				3 / 18		
7			10	17 / 4			20 / 14			
	9				24					
	19					12				

Puzzle 43

Solution en page 140

			12	19				9	19	22
		14\31			21		8			
	10				6	24				
	33\8					19	9\10			
8			3	31						
8					14					
16					4					

Puzzle 44

Solution en page 140

		26	17				18	23	33	
	9					18				
	12\10			10	24\15				12	
9			23	39\10						
23							13\10			
	21					16				
	20					3				

Puzzle 45

Solution en page 140

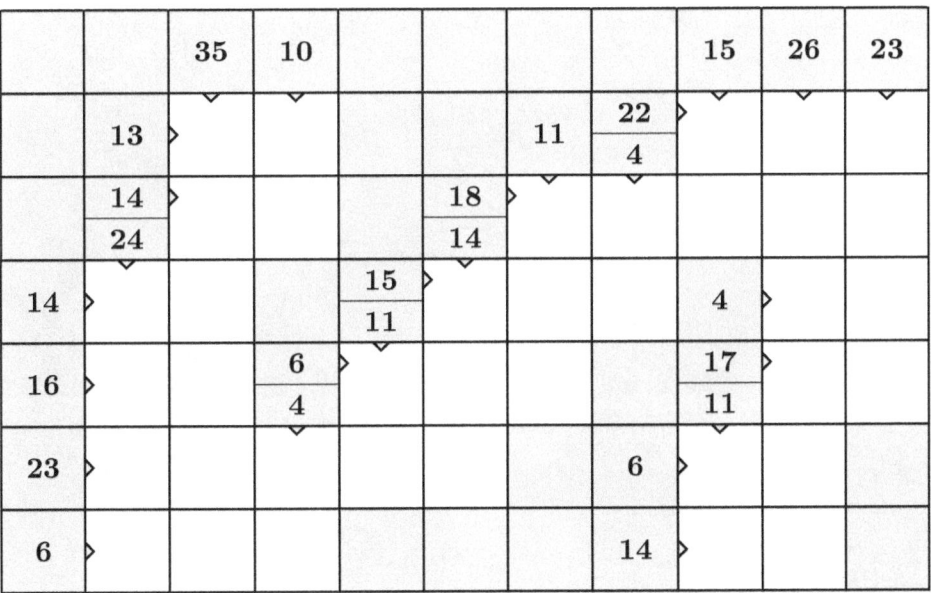

Puzzle 46

Solution en page 140

Puzzle 47

Solution en page 140

	6	37		21	24			29	29	
3\			16\				16\			
14\			13\ / 27			29	15\			
	28\						7\ / 12			
	10\			28\						15
	14\				9\			17\		
	17\				15\			7\		

Puzzle 48

Solution en page 140

		30	12			31	7			
	17\				15\ / 27			9	24	22
	9\ / 21			28\						
17\			16\	13\			23\			
12\				15\ / 7				13\ / 13		
30\							5\			
			6\				16\			

Puzzle 49

Solution en page 141

		25	14			13	14	15		
	16 ▷			13	24\7 ▷				35	
	42\5 ▷									10
8 ▷			11 ▷			10	6	14 ▷		
12 ▷			14	10	4\3 ▷			11\11 ▷		
	36 ▷									
		15 ▷					12 ▷			

Puzzle 50

Solution en page 141

	15	29			37	22		4	22	
3 ▷			3	9 ▷			7 ▷			
10 ▷				11\16 ▷			4\9 ▷			21
36 ▷								7\3 ▷		
6 ▷			39\7 ▷							
	4 ▷			13 ▷			7 ▷			
	12 ▷			4 ▷				16 ▷		

Puzzle 51

Solution en page 141

	29	26			24	14			3	15
8				9				10		
				12				9		
10			23			10				
						3				
16			4		9				18	7
					22					
12			30	11				3		
	15			13			16	10		
				16				21		
		41								15
	4	17			22					
		34					15			
20				10			6			
15				15	3					
					34					
	34								35	
	6			12			10			27
6				12						
13			13				8	16		
			9							
	6	13			3			10		
		9			12					
14				21				17		
4				14				11		

Puzzle 52

Solution en page 141

C1	C2	C3	C4	C5	C6	C7	C8	C9	C10	C11
	16	45			6	19		17	31	
16			9	11			14\13			
24				33						17
	8\15			23	11\12			14		
9			16\5					13\13		
26						18	9\9			
	16\9				9				45	
6			10		22\9					13
8				7\16			15			
	25						13	5\9		
		13\18				22\16				8
	4\11				17					
4				15	14\14			14\4		
13			16\7			16	9			12
	28						11			
	7			10				14		

Puzzle 53

Solution en page 142

		15	6		11	13		26	38	
	8▷			16\10			17▷			3
	21\6						18\16			
7▷			3\20			16▷				
8▷					17	21\11				5
	6▷			9\21				11\14		
	8	21\14					10\24			
19▷					20\24				16	7
16▷			25\10					8\27		
	16	16\34				27\6				
16▷				17▷					27	
17▷			25	14\17			10▷			16
	23\13					13	13\17			
16▷					12\11			17\17		
20▷				35▷						
	17▷			8▷			16▷			

Puzzle 54

Solution en page 142

	9	41		12	22			20	38	
4 ▷			15 ▷				4 ▷			
8 ▷			14 / 10 ▷			36	16 ▷			
	16 ▷			6 / 17 ▷			14 / 12 ▷			
	16 / 6 ▷				12 ▷					16
22 ▷				13 / 37 ▷				16 ▷		
8 ▷				7 ▷				17 / 16 ▷		
6 ▷			7	18 ▷					37	
	4 ▷			16 / 20 ▷			10 ▷			18
	5	26 / 32 ▷						3 ▷		
6 ▷			11 ▷				6	17 / 18 ▷		
11 ▷			10 / 14 ▷			18 ▷				
	15 ▷				19 / 24 ▷					
	11 ▷		11 ▷				14 / 7 ▷			7
	16 ▷			14 ▷			3 ▷			
	3 ▷			8 ▷			9 ▷			

Puzzle 55

Solution en page 142

	17	45	24				11	17		
24				3		14			28	
14					22	23				13
	10					19	9	15		
	17 \ 8			20				10 \ 16		
7			6	22 \ 3						
37									45	5
	11 \ 15				38		12			
16				12			4	4 \ 13		
12			17	21	26 \ 18					5
		43 \ 25								
	35 \ 17							5 \ 10		
16			24				4 \ 12			
17			13	6	11					6
	15					20				
		5					10			

Puzzle 56

Solution en page 142

Puzzle 57

Solution en page 143

Puzzle 58

Solution en page 143

	12	26	22	24	5		10	11		
33 ▷						**10** ▷				
16 ▷					**4** ▷ / **13**				**38**	**23**
	14 ▷ / **4**				**16** ▷ / **4**			**15** ▷		
11 ▷			**13** ▷					**14** ▷ / **13**		
7 ▷			**6** ▷ / **7**				**24** ▷ / **14**			
		6 ▷ / **32**				**13** ▷ / **7**				**15**
	10 ▷ / **3**				**10** ▷ / **9**			**12** ▷		
3 ▷				**7** ▷ / **11**				**16** ▷ / **12**		
7 ▷		**16** ▷ / **15**					**5** ▷ / **39**			
	9 ▷ / **19**				**17** ▷ / **12**				**24**	**4**
23 ▷				**16** ▷ / **10**			**4** ▷			
10 ▷			**11** ▷ / **9**				**3** ▷ / **16**			
11 ▷		**9** ▷ / **3**			**23** ▷ / **8**					**6**
		6 ▷		**15** ▷						
		5 ▷		**30** ▷						

Puzzle 59

Solution en page 143

	9	38			16	10		9	15	
4 ▷				5 ▷			7\20 ▷			7
15 ▷			9	32 ▷						
	3 ▷			23\5 ▷				6\4 ▷		
	18\16 ▷				12	7 ▷			10	13
8 ▷		9\26 ▷				12	7 ▷			
17 ▷				10 ▷			16	16\23 ▷		
22 ▷				15	23 ▷					
		17\23 ▷			6	10 ▷			40	18
	20\17 ▷					6	21 ▷			
17 ▷			12	9 ▷			23\10 ▷			
18 ▷				17	6 ▷			5\17 ▷		
	4	13\12 ▷			9	22\18 ▷				
4 ▷			14\12 ▷				11 ▷			9
36 ▷								16 ▷		
	4 ▷			9 ▷				8 ▷		

Puzzle 60

Solution en page 143

Puzzle 61

Solution en page 144

Puzzle 62

Solution en page 144

	16	34			31	3			37	13
7 ▷				11 ▷			9	17 ▷		
5 ▷			15/13 ▷				9 ▽	12/12 ▷		
9 ▷			5 ▷		10/4 ▷					13
14 ▷			17 ▷				14 ▷			
11 ▷			17	11 ▷				15/6 ▷		
	12 ▷			17		5	4/18 ▷			13
	17	12/42 ▷			15/4 ▷					
17 ▷			20/4 ▷					13/6 ▷		
19 ▷						12 ▷			39	
	9/14 ▷				11	30	11 ▷			32
9 ▷			9	5 ▷			13	7 ▷		
20 ▷				16/12 ▷					12 ▷	
	21/12 ▷				16/11 ▷			15 ▷		
8 ▷			19 ▷					17 ▷		
10 ▷				14 ▷				11 ▷		

Puzzle 63

Solution en page 144

	15	45					12	20		
7					4	13\44				
11			25	23					20	
	7\21			4\16			13\29			5
30					16			7		
28					10		13\16			
19					20\38				45	37
6				30						
4			15	14\26				3		
28								15\27		
	12	16\16					20\3			
15			13			13				
8			17\20			17\7				
	12			15\4				16		10
		16							14	
		6							13	

Puzzle 64

Solution en page 144

		9	10	7				13	15	
	7/3				14		4			8
22						13	21/12			
8			16	30/6						
		11/41			4				31	5
	14/10				5/24			4		
6				10/11				10/8		
14			17/5				17	10/14		
	37									8
	9/7				17/26			14/14		
14				14/20				9/13		
6			6				18			
	10	19	16/20				8/4		7	10
34							7	4/13		
23					29					
	8					7				

Puzzle 65

Solution en page 145

Puzzle 66

Solution en page 145

Puzzle 67

Solution en page 145

	13	7				6	9		18	9
4					4\12			7\16		
3			12	39\3						
23							3\19			11
	7	10\20			17	23\16				
3				23\10				3\18		
12			35\13							
20						9			21	
	4			19			10\10			23
		7			14	24\5				
	13	25\23							16	
9			8\24				13	7\4		
24						8\12			23	16
	11\3			14	26\3					
27								13		
10			10					16		

Puzzle 68

Solution en page 145

		31	22		12	35		12	45	
	17▷			15▷			14▷			
	16▷			14▷		10▷/7				23
	5/4▷			12	7▷			17▷		
12▷				13▷/13				8▷		
11▷		21▷/10						15▷/4		
	13▷/45				9	6▷/11				17
	10▷/14		3	31▷/12						
13▷		10▷/16						14▷/11		
29▷					15	7▷/17				
	8▷/15			19▷/28					35	17
12▷			18▷/13				17▷/26			
14▷		16▷			25▷					
6▷		9▷/14			6	15▷				
	16▷		9▷			17▷				
	8▷		4▷			13▷				

Puzzle 69

Solution en page 146

Puzzle 70

Solution en page 146

Puzzle 71

Solution en page 146

	14	38			18	27			36	13
9 ▷				14 ▷				8 ▷		
17 ▷			15 ▷ / 9					15 ▷		
8 ▷		6 ▷ / 13				28	6 ▷			
	16 ▷ / 7				15 ▷ / 3			10 ▷ / 10		
14 ▷			19 ▷ / 13							12
14 ▷		7 ▷ / 14			26 ▷ / 13					
	12 ▷ / 44			13 ▷ / 6				8 ▷ / 9		
	15 ▷ / 17			8 ▷ / 20			8 ▷ / 13			
13 ▷		13 ▷ / 16			8 ▷ / 7				33	3
26 ▷				12 ▷ / 23			11 ▷ / 12			
	19 ▷ / 24						7 ▷ / 4			
10 ▷		15 ▷			14 ▷ / 6					15
3 ▷			9 ▷				5 ▷			
16 ▷			3 ▷				10 ▷			
17 ▷			9 ▷				17 ▷			

Puzzle 72

Solution en page 146

Puzzle 73

Solution en page 147

			4	12					34	10
	7	5 / 37						16		
12				10		26	11 / 4			
15		13 / 29			14 / 16					24
	7		26 / 14							
	18 / 6			14			16 / 41			
11				17 / 17						
8			22 / 6					38		
	13	13 / 22			17				9	
	21	19 / 29			15 / 9					
27			16	22						
15		10 / 16		6 / 17						
38				12 / 13				7		
	10 / 17		11	6 / 3						
10				19						
16				10						

Puzzle 74

Solution en page 147

Puzzle 75

Solution en page 147

Puzzle 76

Solution en page 147

Puzzle 77

Solution en page 148

	5	40			38	5			28	16
12				7				13		
7			30	13 \ 5			9	8 \ 8		
	23 \ 12					6 \ 27				
45										15
18				17				15		
	17 \ 4			13			5	12 \ 13		
3			7	4	8				37	16
13					18	22				
	4	9 \ 28				28		10 \ 26		
5				11			14			14
8			6	8 \ 13			24 \ 13			
	45									
	8 \ 6				22 \ 6					9
14				3				7		
5				14				16		

Puzzle 78

Solution en page 148

Puzzle 79

Solution en page 148

		19	9			6	16		18	14
	6\14			38	4			16		
26					6\22			9\30		
16		15\3				15				
	4	12\16				12				
21						13\8			17	8
8		19\4					22\43			
	8\11				6			6\5		
	9\13				14	18				
7		10\17				6\21			8	14
13				16\18				6\12		
	7\11				34					
	7				7				24	10
	18\13				15\16			17\11		
8			9			26				
13			12				9			

Puzzle 80

Solution en page 148

Puzzle 81

Solution en page 149

			26	4	17				33	17
		11						16 / 31		
	8	19 / 26					22			
15				16			16 / 27			13
25					14	10				
3			16 / 5			26 / 23				
	4 / 9			33						
11				28	12 / 15				39	9
16			30					16 / 16		
		21	5 / 17			11	14			
	20 / 9						17 / 7			16
13					5		7 / 24			
29						28				
	10 / 5					8	18 / 16			
7					10					
3					23					

Puzzle 82

Solution en page 149

Puzzle 83

Solution en page 149

Puzzle 84

Solution en page 149

	19	24			22	8			45	5
5			15	4 / 16			11	4		
41								6 / 12		
28					20 / 11					
17			7	12			6			6
	13			4 / 12				4 / 8		
	15	9 / 45			7		12			
8			7			10	15			4
15			16	8			17	8		
	15 / 9				16			12 / 15		
19					5	15 / 30			32	
6			9	12			15			12
	6			7 / 12			16	10 / 11		
	12 / 6				33 / 13					
11			38							
12				6				14		

Puzzle 85

Solution en page 150

	11	38		10	21				16	11
8			5					14／15		
17			11				16／42			
3			13／33			14			29	
	14					23／28				18
	6／5				23					
20				32	12			13		
19					16／30			17／24		
	22	28／14							40	17
7			7			26				
16			13／15				15			
31							16／24			
	8					8／13				19
	14	8／7			15			17		
14					13			9		
13					4			16		

Puzzle 86

Solution en page 150

		45	21		19	13			18	4
	3 ▷			8 ▷				6 ▷		
	4 ▷		17/6 ▷			9	7/25 ▷			
	20 ▷				16 ▷					4
	7/11 ▷			12	11/21 ▷					
29 ▷						7/9 ▷				
13 ▷			29 ▷					45		
4 ▷			22 ▷						11	
12 ▷		29	7	9			10 ▷			
	13 ▷			11		4 ▷				
	14	16/24 ▷			13	3/15 ▷				
22 ▷			34/8 ▷							
26 ▷				12/12 ▷						
	6/3 ▷		26/5 ▷							
10 ▷			8 ▷		6 ▷					
4 ▷			4 ▷		4 ▷					

Puzzle 87

Solution en page 150

Puzzle 88

Solution en page 150

	7	45					19	6	21	
12			6			13\24				
12					29					23
	3\16			14	7\16			8		
8			21					13		
16			18\13				12	9\9		
	15\10			22	12\17				45	
28						17\15				12
4			26\17					6\14		
	24				32\23					
	10	21\34				10	13\9			10
11				21				11		
5				7\10				3\10		
14			4\14				5			13
	17						22			
	24							15		

Puzzle 89

Solution en page 151

	14	35		11	11					34	14
12			4\16				4	14\15			
32					18\16						
45											13
10			5	9			9	14			
	7			5	6			16\17			
	14	7\21			4	15			11		
15			4			14	12				5
11			6	9				9	6		
	14			15	8			7\5			
	4	8\25			13	11			23		
4			12			30	9				18
5			6	16\14			22	16\10			
	45\16										
28					26						
10					16			3			

Puzzle 90

Solution en page 151

Puzzle 91

Solution en page 151

Puzzle 92

Solution en page 151

	9	44				11	17		23	11
16 ▷				6	16\9			16 ▷		
9 ▷			24\8					3\17		
	16 ▷					5	13\11			14
	8\27			5	27\11					
14 ▷			10\12					10\6		
23 ▷						3	7\13			
16 ▷				8	15\13				39	27
13 ▷			12\15					9\10		
		23\25				11	22\9			
	11\9			16	16\12					
13 ▷			23\16					12\4		
31 ▷						9	11\10			
	15\11			7	17\16					11
3 ▷			21 ▷					3 ▷		
12 ▷			14 ▷					16 ▷		

Puzzle 93

Solution en page 152

Puzzle 94

Solution en page 152

Puzzle 95

Solution en page 152

Puzzle 96

Solution en page 152

Solution en page 152

Puzzle 97

Solution en page 153

	9	36		17	18				28	8
8			12\14					4		
25					16		14			
	7\31			6			7\22			
12			14	16\9		8\14				
11				25						
28				21	16\9					
17			16					36	16	
14		27	15\13				6			
	12				3	12\7				
	16\33			12	20					
	25			11\29						
	12\13		10			3\9				
14			9		13\7			16		
9				23						
10				13			8			

Puzzle 98

Solution en page 153

Puzzle 99

Solution en page 153

		43	26			5	16		22	11
	4\13			9	9			6\14		
30					29					
17					32	5	11			20
	5			6				11		
	15\3			4\5			10	6\12		
10			4			29\25				
4			26\23						36	
	15			13\5			3\6			9
	11	25\26						4		
18				5\16				11\16		
3				9			4			
10			8	17			6\16			12
	9\16			3	10	21				
32						30				
9			3				11			

Puzzle 100

Solution en page 153

Puzzle 101

Solution en page 154

			28	13					11	6
	3	16\30			23			4		
20						4		12\10		
13			10			6\30				
	6\4		12\14						18	5
11		17\28			21\13					
20				10			13\27			
	17		32	24\19						
	28\22							26		
28\12					8\5				6	
11		13\19		21\10						
28				6\16		11\28				
	28\24					10		11		
11\14		8		18\16						
16				20						
13				17						

Puzzle 102

Solution en page 154

Puzzle 103

Solution en page 154

	12	38			22	15		23	40	
16 ▷	▽	▽		12 ▷ / 9 ▽			11 ▷			
4 ▷			21 ▷ / 10 ▽				17 ▷ / 16 ▽			
	26 ▷				20 ▷ / 13 ▽					27 ▽
	4 ▷ / 15 ▽			27 ▷ / 31 ▽						
16 ▷		11 ▷ / 16 ▽	11 ▷ / 16 ▽				16 ▷			
31 ▷					21 ▽		5 ▷			
	33 ▷					23 ▽	17 ▷			
	24	30	21 ▷				16 ▽	32 ▽		
17 ▷	▽	▽		34 ▷					15 ▽	
9 ▷				31 ▷ / 16 ▽						
5 ▷		25 ▽	14 ▷ / 16 ▽				8 ▷ / 11 ▽			
30 ▷					21 ▽	16 ▷ / 6 ▽				
	19 ▷			13 ▷ / 5 ▽					12 ▽	
	16 ▷		13 ▷				4 ▷			
	6 ▷		11 ▷				17 ▷			

Puzzle 104

Solution en page 154

Puzzle 105

Solution en page 155

Puzzle 106

Solution en page 155

Puzzle 107

Solution en page 155

		45	17		32	14		10	18	
	12			13\17			8			
	34\13						6			
5			19				3\13			8
12			9	12\3				4\14		
	18					28				
	13\24					7\5			45	16
10				10\13				11		
13				9\15				16		
14			6\11				8	5\12		
	3	16\31				7\27				
13				19\29						7
3			16\6				10	12		
	7			24				4\11		
	12			21						
	10			17			17			

Puzzle 108

Solution en page 155

	10	15			28	30			45	15
3	▷	▽		9	▷	▽		8 / 15	▷ ▽	▽
12	▷		26	16	▷		18	▷		
	4 / 8	▷ ▽		7	▷		16 / 8	▷		4
6	▷ ▽			19 / 16	▷ ▽			11 / 18	▷ ▽	▽
32	▷				14 / 11	▷ ▽				
	7	28 / 45	▷ ▽				5	▷		
12	▷ ▽	▽		9	▷		15	▷		6
3	▷		7		15	42		14 / 25	▷ ▽	▽
	7	▷ ▽		16	▷ ▽	▽	13 / 8	▷ ▽		
	5 / 14	▷ ▽		13 / 11	▷ ▽				17	3
19	▷			32 / 10	▷ ▽				▽	▽
16	▷		13 / 16	▷ ▽			7	▷		
	16 / 6	▷ ▽		4	▷		6	▷		7
18	▷			7	▷			9	▷	▽
11	▷			12	▷			3	▷	

Puzzle 109

Solution en page 156

PUZZLES

Puzzle 110

Solution en page 156

89

Puzzle 111

Solution en page 156

		11	45			10	10		19	17
	8\12				7			17		
6				3\3			14\7			
15			20\9							
	12	8\16				3			15	12
26				12	10	8				
24		16\4				9\45				
	13\13					3\17				
	15			17	23\12					
	9\4		25					10	8	
4		10	16			9\15				
7			14		29\17					
	6\8			23\6				19	15	
	22\10					23				
4		10				14				
9		3				13				

Puzzle 112

Solution en page 156

Solution en page 156

Puzzle 113

Solution en page 157

	17	30			8	23		18	32	
12				8			9			
14			4	16			11\15			6
	5			15	23\20					
	23\9							10\20		
12			15			6	6			3
6			34	14			9\4			
	11			12	23					
	11	11\37			11	5			29	
26						22	3			12
23				11			12	11		
	11\17			8	16\28			8\11		
16			24\11							
29						15	17			6
	11			12				11		
	16			14				4		

Puzzle 114

Solution en page 157

		30	22	15	13				41	8
	29					15		6		
	29						25	5 / 22		
	16 / 14			20						
16			26			24				11
20				21	5	27 / 15				
	29							10		
	27	23 / 44					7	5 / 10		
26					17	11 / 14				
16				23 / 24					34	
17			31 / 8							16
13							21			
	20				12			9 / 8		
	14 / 16					14	6 / 3			
15				30						
14					12					

Puzzle 115

Solution en page 157

Puzzle 116

Solution en page 157

		34	7		4	34			31	10
	6 ▷			11 ▷			14	13 ▷		
	15 ▷ / 17			16 ▷				11 ▷ / 9		
16 ▷				16	19 ▷ / 7					3
10 ▷		14 ▷ / 31					18 ▷			
	20 ▷						20	4 ▷		
	17 ▷		10 ▷ / 20					32	5	9
	9	16 ▷ / 11				28 ▷				
11 ▷						11 ▷				
30 ▷				32	14 ▷ / 13				27	
	5	25	17 ▷				15 ▷ / 4			
3 ▷			4	15 ▷						3
6 ▷				14 ▷ / 4				8 ▷		
	11 ▷ / 5					6		4 ▷ / 17		
9 ▷			14 ▷					9 ▷		
13 ▷				4 ▷			16 ▷			

Puzzle 117

Solution en page 158

	13	43			6	28		8	30	
10				4			3\10			
3				33						11
9				4	16\19					
16			8\24					8		
	19						14	17\33		
	14\4			29						
12					15				43	14
7				13	34		13			
		7				9	20			
	10	21\33					16\13			
16				25						20
4			14	8\10				7		
30						16		14		
	22							8		
	16			13				13		

Puzzle 118

Solution en page 158

Puzzle 119

Solution en page 158

	12	9			10	31				17	12
11▷				13▷				16/12			
5▷			11	14/7			17▷/4				
	14▷				6▷/11					38	6
	13	41/44▷									
4▷			12	7▷/5				12▷/13			
11▷					14		17▷				
28▷						9	8▷				28
12▷			3	17▷			7	13▷/3			
	6▷				17▷						
	7▷/10				24	12▷/16					
16▷			15	11▷/6				15	9▷/12		
44▷										21	
	17	17▷/5				21▷/14					11
11▷				8▷					7▷		
12▷				16▷					17▷		

Puzzle 120

Solution en page 158

Puzzle 121

Solution en page 159

Puzzle 122

Solution en page 159

Puzzle 123

Solution en page 159

			26	20		6	17		19	27
		16			14 / 12			9 / 13		
		38								
		21 / 25				16 / 22				
	12 / 4			11	12	25				
11			6			12 / 15			13	9
8			25 / 8					16 / 14		
	5			33	20					
	7	4 / 12			8	9			14	
27						14	11 / 13			3
5			25 / 25					4		
	23	10 / 26			17			6 / 13		
29						16	3 / 9			
18				12	10 / 9					
42										
16			15			5				

Puzzle 124

Solution en page 159

Puzzle 125

Solution en page 160

	8	37			12	33			32	15
15 ▷			17		16 ▷			16 ▷		
12 ▷				16	9 ▷			9\7		
	22▷\20				21	12 ▷				
16 ▷			15 ▷			17\6				17
5 ▷			12	17 ▷				9 ▷		
20 ▷				12▷\12				16▷\17		
16 ▷							10▷\8			
		5▷\33				4 ▷			32	27
	3▷\16				10	12▷\23				
17 ▷			13▷\27				21 ▷			
10 ▷		20▷\5					4	15 ▷		
	7▷\19				9 ▷			14▷\17		
12 ▷					8	19 ▷				6
15 ▷			15 ▷				13 ▷			
17 ▷			6 ▷						6 ▷	

Puzzle 126

Solution en page 160

Puzzle 127

Solution en page 160

Puzzle 128

Solution en page 160

Puzzle 129

Solution en page 161

Puzzle 130

Solution en page 161

			6	10	11	12			34	23
	8	11 / 8						17		
39							35	14 / 40		
4			8			16 / 7				
	4			7	19					
	16	8 / 25		27 / 16						
17		7 / 37			15 / 20			26		
21				31						
	17		4 / 35			12				8
	31					24 / 13				
		6 / 25		12 / 16			9 / 9			
	22				7				9	
	16 / 11						12			6
21				13	12	7	8 / 15			
10				22						
17				28						

Puzzle 131

Solution en page 161

Puzzle 132

Solution en page 161

Puzzle 133

Solution en page 162

	3	33		8	5				28	23
3 ▷			4 / 14 ▷					17 ▷		
27 ▷						11	4	15 ▷		
	4 ▷				4 ▷			9 / 27 ▷		
	12 / 15 ▷			34	17 / 17 ▷					
12 ▷			16 / 9 ▷				14 / 27 ▷			
33 ▷						13 / 8 ▷			4	15
	9	12 / 13 ▷			28 / 6 ▷					
5 ▷			21 / 19 ▷					7 / 7 ▷		
32 ▷						14 / 14 ▷			22	7
		8 / 32 ▷			20 ▷					
	10 ▷			9	7 / 14 ▷				3 / 22 ▷	
	20 / 23 ▷						16 ▷			
17 ▷			12 ▷			14	11 / 7 ▷			4
16 ▷					25 ▷					
11 ▷					6 ▷			6 ▷		

Puzzle 132

Solution en page 161

Puzzle 133

Solution en page 162

Puzzle 134

Solution en page 162

		40	3			9	6		23	13
	4/5				11/5			7/29		
10			22/13							
13			11/15				13/12			
	20				13	20/9				5
	12/10			26						
3				5			9	12/14		
14			11	3	18				37	
	11				11	11				10
	9	6/34				3		6		
4			14	6/7				11/13		
26							15/12			
	17					20/11				13
	7/8			12	13/15			6/12		
21							23			
16			17				11			

Puzzle 135

Solution en page 162

		45	30		16	8			21	10
	14\16			15\17			25	4		
37								14\3		
17						9				7
	19				20\22					
	16\6			14\12				3\8		
4				11					45	
8				32						21
12			13	37	20	10		16		
	19							14		
	9	29\29						6\30		
14			17\16				17\24			
20						22				14
	21\6				16	19\17				
13			41							
7				17			12			

Puzzle 136

Solution en page 162

		9	3			20	32		34	14
	3 \ 15			12	16			10 \ 7		
20					20 \ 3					
7			23 \ 6							
		11 \ 22				16 \ 5				4
	9 \ 10				8 \ 11			10		
11				13 \ 11				3 \ 10		
16			9 \ 11				10 \ 14			
		11 \ 28				14 \ 8			15	10
	11 \ 14				10 \ 15			17		
9			16 \ 24					4 \ 10		
15			10 \ 17			12	13 \ 9			
	10				7 \ 24				21	4
	29 \ 17							8 \ 16		
35						20				
12			14				17			

Puzzle 137

Solution en page 163

Puzzle 138

Solution en page 163

Puzzle 139

Solution en page 163

Puzzle 140

Solution en page 163

		40	10			38	15		36	8
	6 / 13			4	11			6		
22					9		14 / 9			
10				13 / 7						
	4 / 6			4			12			12
9			20	11			29	15		
22				22	11			13		
	15			16 / 44				8	41	
	42									
	5	30	16			8				11
4			13			5	17			
8			10	4			3 / 24			
	17			10 / 21			16 / 17			4
	24 / 4				16					
8			10			23				
3			15				13			

Puzzle 141

Solution en page 164

Puzzle 142

Solution en page 164

	16	33		13	16				39	42
9			12			8		4		
16			17\8				10	6		
	19				4			11\8		
	13\6					28				
4					9	17\6				
9			6	6\11				15		
	36	15\44					14	3\10		
24					5	27\11				
16				11\23					27	15
3			18\7					10		
16								15\15		
28					13		7\20			
7			10			22\7				6
11				23				10		
6					6			6		

Puzzle 143

Solution en page 164

Puzzle 144

Solution en page 164

	5	29			24	10			44	3
4			17	17			6	3		
14				7 / 9				11 / 23		
	17 / 4					11				
11			16 / 14				8			28
14							22 / 14			
	9			24		14 / 13				
	12	16 / 38			10 / 4			17		
5			15					15 / 14		
3			5 / 27			10			36	
26							16			9
14						26	10 / 8			
	16			10	14			16 / 14		
	19 / 14				17 / 5					15
7			6				19			
15				13				17		

Puzzle 145

Solution en page 165

Puzzle 146

Solution en page 165

		41	14	18				23	39	6
	23 ▷						22 ▷ 16			
	8 ▷				9	21 ▷ 28				
	41 ▷ 12									30
6 ▷				16 ▷		25	14 ▷ 13		
14 ▷			3		34 ▷				
	7 ▷				24 ▷		17 ▷		
	10 ▷			28	15 ▷ 31				
	12	28	10 ▷				5	37	
3 ▷			17 ▷ 10			9 ▷			
21 ▷						11 ▷			16
35 ▷					6		17 ▷		
4 ▷			21	13 ▷ 12		23	11 ▷ 10		
	37 ▷ 6									
24 ▷					10 ▷				
9 ▷					19 ▷				

Puzzle 147

Solution en page 165

		45	25		10	29		17	28	
	17▷			14▷ / 22			16▷ / 15			
	38▷									7
	22▷			17▷ / 25				7▷		
	26▷ / 26							7	12▷	
6▷				13▷ / 5				6 / 11		
15▷			12▷			14▷			45	
17▷			4▷					8▷		27
7▷			15			25	8	10▷		
	16▷			11	14▷			17▷		
	13▷	9 / 20			3▷ / 26			14▷		
14▷			17▷				19	4▷ / 12		
3▷				33▷ / 4						
4▷			4▷ / 8			18▷ / 14				
	40▷									
	6▷			13▷			9▷			

Puzzle 148

Solution en page 165

Puzzle 149

Solution en page 166

	21	38				27	19		24	12
12				14	15\24			4		
7			27					16\15		
14			38\6							
	9			17\6			10			13
	10\8				27		9	12\9		
4			13			13\10				
16			12	18					43	
	6			12\13				12		9
	4	22\25						10	4	
14					5				15\5	
3			10		22	17\21				
	4			7\23			4\5			19
	37\3								16	
8			26						8	
4			16						11	

Puzzle 150

Solution en page 166

Solutions

Solution Puzzle 1

			9	13	3			29	11
		17/22	6	9	2	6	13	8	5
	27	15/12	5	3	4	1	2	7/15	5	2
20	9	3	8	15		17	4	5	7	1
30	7	6	9	8	6	10	19/14	7	9	3
6	5	1	31	7	4	9	8	3		
8	6	2		9	2	1	6			

Solution Puzzle 2

		10	30		16	17			17	14
	12	4	8	17/10	9	8		11	6	5
	25	6	9	1	7	2	24	16/11	7	9
		12/8	7	5	23/20	7	9	3	4	
	22/16	5	6	4	7	9/7	8	1	14	
9	7	2		30	8	4	7	5	6	
10	9	1		8	5	3	10	2	8	

Solution Puzzle 3

		29	20				12	23	
	10	4	6	17	8		12	7	5	3
	28	8	9	7	4	22	8/19	5	1	2
	36/11	7	5	6	1	8	9	4/9	3	1
3	2	1	37/17	4	3	9	7	6	8	
20	9	3	8		14	5	3	2	4	
	15	6	9				3	1	2	

Solution Puzzle 4

			13	27	14	15			18	23
		29	5	7	9	8		8	2	6
	11/28	2	3	5	1	28	16	7	9	
	23/10	9	6	8	13/13	6	7	11/15	3	8
5	1	4	17	9	8	18/9	8	4	6	
14	6	8		28	4	7	9	8		
10	3	7		10	1	2	4	3		

Solution Puzzle 5

		11	27		24	29		26	24	
3	2	1	16	7	9		16	7	9	
17	9	8	17/10	9	8	15	12	9	3	
	25	7	2	8	5	3	6/8	2	4	
	10	6	4	25	7	4	1	8	5	12
	4	3	1		4	1	3	4	1	3
	5	2	3		11	7	4	11	2	9

Solution Puzzle 6

		13	34		21	20			15	35
17	8	9	17	9	8		3	1	2	7
8	5	3	16/28	7	9	30	7	2	4	1
	20/6	2	4	5	1	8	23/19	9	8	6
19	4	7	8	27	2	9	8	3	5	14
14	2	5	7		16	7	9	16	7	9
	17	8	9		8	6	2	14	9	5

Solution Puzzle 7

		11	13		10	13			
	13▸	8	5	6	2	4	16	23	14
	22	4\15	3	1	31\16	4	9	7	8	3
12▸	7	5	13\3	7	5	1	22\14	9	6	7
19▸	9	8	2	10\4	1	3	6	13\16	9	4
19▸	6	2	1	3	7	16▸	7	9		
		4▸	1	3	8▸	1	7			

Solution Puzzle 8

		9	27	3		15	33		
	9\19	1	6	2	3	12▸	7	5	
19\6	3	6	7	1	2	17\14	8	9	11
12▸	4	1	2	5	4\5	1	3	7\21	4	3
8▸	2	6	13\14	9	4	23\3	2	6	7	8
	7▸	2	5	23▸	1	2	5	7	8
	16▸	7	9		13▸	1	4	8	

Solution Puzzle 9

	16	26			4	9		23	22
9▸	7	2	6	4\8	3	1		10▸	1	9
31▸	9	7	5	3	1	6	11▸	7	2	5
	14\7	9	1	4	6\6	2	4	14\10	6	8
5▸	4	1	3▸	1	2	11\11	2	6	3	14
6▸	2	4		36▸	3	8	5	4	7	9
4▸	1	3		4▸	1	3		9▸	4	5

Solution Puzzle 10

	23	34		37	28			39	8
7▸	6	1		17▸	8	9	3	16\6	9	7
15▸	9	6		22▸	7	3	2	4	5	1
11▸	8	3	5	23\9	9	7	1	2	4	18
	27\16	7	2	8	4	6		17▸	8	9
28▸	7	9	3	1	6	2		14▸	6	8
17▸	9	8		4▸	3	1		8▸	7	1

Solution Puzzle 11

		17	26	4			10	13
	13\7	4	8	1	6	8\28	1	7
	16▸	1	2	6	3	4	23\26	8	9	6
	22▸	6	7	9	13\15	2	7	4	3
	14\6	12	1	3	8	8\7	5	2	1
15▸	8	4	3	21▸	7	1	6	5	2
8▸	6	2			23▸	6	8	9	

Solution Puzzle 12

		6	16		16	6	20
	10▸	14\23	5	9	19	17▸	9	3	5
25▸	9	6	1	7	2	12\17	7	2	3
4▸	1	3	8	12▸	8	4	3	1	2	12
	4▸	1	3	16\7	9	7	4	6\12	1	5
	7▸	4	1	2	27▸	6	1	4	9	7
	18▸	9	4	5		11▸	3	8	

Solution Puzzle 13

		17	24	22			7	29	
	19\34	9	8	2		15	6	9	7
29\9	9	8	7	5	26	8	1	5	2
7	1	6	23	9	6	8	17	11	7	4
6	2	4	8	23	9	6	8	7\10	6	1
19	6	8	5		13	7	3	1	2
10	7	3		20	5	6	9		

Solution Puzzle 14

	12	38		14	17		9	14	23	
8	2	6	12	9	3	13\16	5	6	2
15	6	9	28	5	6	2	4	8	3	24
10	3	7		5	1	4		16	7	9
6	1	5	11	3\16	2	1	11	11	6	5
	27	3	4	7	5	6	2	3	1	2
	24	8	7	9	12	3	9	12	4	8

Solution Puzzle 15

		24	15		19	9		19	10
	10	7	3	12	4	8	4	1	3
	17\25	9	8	4\21	3	1	15	9	6
31\23	9	8	4	3	7	23	6\11	5	1
8	6	2	32\16	9	5	8	6	4	
14	8	6	17	9	8	7	6	1	
17	9	8	8	7	1	13	9	4	

Solution Puzzle 16

	15	27		29	15			23	37	
8	6	2	17	9	8	16	17	8	9	4
16	9	7	21\22	5	7	9	19\17	9	7	3
	15\15	3	4	8	18\10	7	2	5	3	1
24	8	1	2	7	6	11\4	4	1	6	10
21	7	5	9	10	4	1	5	17	8	9
	16	9	7		9	3	6	5	4	1

Solution Puzzle 17

		27	12	20			3	16		
	16	4	7	5		10	1	9	18	23
	22\23	9	5	8	17	22\8	2	7	4	9
16	9	7	19	7	9	3	23	8	2	6
13	8	5	13	19\9	8	5	6	9\6	1	8
13	6	2	4	1		21	9	4	8	
	17	9	8		13	8	2	3		

Solution Puzzle 18

		39	13		21	23		14	37	
	16	7	9	8	2	6	14	5	9	
	12\10	8	4	3\14	1	2	10\16	3	7	16
10	6	4	41\16	8	5	4	7	6	2	9
42	4	5	8	6	3	7	9	13\5	6	7
	16	9	7	5	4	1	12	4	8	
	7	6	1	9	6	3	6	1	5	

Solution Puzzle 19

	36	27							29	38
15▸	7	8				16	17	10▸	7	3
16▸	9	7	16		13\21	5	8	15\15	8	7
23▸	8	6	9	39\9	8	7	9	6	4	5
34▸	5	1	7	8	9	4	23▸	9	6	8
8▸	6	2	5▸	1	4			7▸	1	6
4▸	1	3						12▸	3	9

Solution Puzzle 20

	35	12		25	30				38	25
17▸	8	9	6\8	5	1			4\4	3	1
20\23	2	3	1	8	6		18▸	3	8	7
4▸	1	3	22\5	7	6	9	14\4	1	5	8
21▸	8	9	4	8▸	3	4	1	16\5	7	9
12▸	5	6	1	20▸	2	8	3	1	6	
16▸	9	7		3▸	1	2	13▸	4	9	

Solution Puzzle 21

	12	12			4	22		11	3
7▸	4	3	6\12	1	5	3▸	2	1	
9▸	8	1	11\25	7	3	1	10\11	8	2
13\11	2	6	5	12\10	9	2	1		
18\4	8	6	4	19\13	9	7	3	4	
3▸	1	2	17▸	7	9	1	6▸	5	1
4▸	3	1	12▸	8	4	4▸	1	3	

Solution Puzzle 22

	36	8	10					17	36	27
21▸	9	7	5				18▸	8	4	6
9\14	6	1	2	7	6		23▸	9	6	8
11▸	3	8	6▸	3	1	2	24▸	6	2	4
7▸	5	2	4	19▸	6	4	9	16\11	7	9
7▸	2	4	1				22▸	8	5	9
14▸	4	7	3				21▸	7	6	8

Solution Puzzle 23

	38	22		7	8			39	22
4▸	3	1	4\11	3	1		16▸	9	7
18▸	6	5	1	4	2	10	17\24	8	9
24\9	7	9	8	31\11	5	7	9	4	6
18▸	1	5	7	2	3	9\14	1	3	5
15▸	6	9		18▸	1	5	2	4	6
10▸	2	8		16▸	7	9	15▸	8	7

Solution Puzzle 24

	39	9						19	30	
16\26	9	7					17▸	8	9	11
10▸	3	5	2	16	5	13	13\11	6	4	3
13▸	6	7	35\19	9	3	8	7	5	1	2
35▸	8	6	3	7	2	5	4	7\4	6	1
20▸	9	4	7				16▸	3	8	5
17▸	8	9					3▸	1	2	

Solution Puzzle 25

		21	29		30	4		
	17▸	8	9		3	2	1	18	7
	7/20	4	3	14	25/10	9	3	7	6
32/12	3	9	1	5	6	8	4/8	3	1
15▸	7	8	39/8	6	9	4	7	5	8
29▸	5	9	7	8		4▸	3	1
	3▸	1	2		3▸	1	2

Solution Puzzle 26

		15	21		11	8	29	
	10/23	6	4	12	22▸	9	5	8
	28/17	4	9	8	7	6/24	2	3	1	9
11▸	8	3	17▸	9	1	7	17	16▸	9	7
16▸	9	7	7	17/6	4	8	5	8/14	6	2
	12▸	8	3	1	23▸	9	3	6	5
	10▸	1	4	5		17▸	9	8

Solution Puzzle 27

		27	14		21	28		24	25
	7▸	2	5	13/14	6	7		14▸	6	8
	29/26	5	9	8	3	4		13▸	7	6
14▸	6	8	10▸	6	1	3	16	3▸	1	2
4▸	3	1		20▸	5	8	7	11/16	2	9
12▸	8	4		28▸	4	5	9	7	3
16▸	9	7		3▸	2	1	14▸	9	5

Solution Puzzle 28

		20	17		34	23			
	16▸	7	9		17/16	8	9	16
	10/5	2	8	26	3	6	8	9	15	8
9▸	1	8	3	23/9	2	4	6	7	1	3
28▸	4	3	1	5	6	9		12/8	7	5
	14▸	2	1	4	7	3▸	1	2
		4▸	3	1		12▸	7	5

Solution Puzzle 29

	14	20				25	28	8	
14▸	5	9	22			15▸	7	6	2
7▸	1	4	2	24	14	22/16	9	7	6
43▸	8	7	1	5	6	9	4	3	11	15
		44/5	6	9	8	7	5	4	3	2
	7▸	1	4	2			13▸	8	1	4
	21▸	4	9	8				16▸	7	9

Solution Puzzle 30

		35	8		38	26		29	16
	16/5	9	7	7/3	6	1		14/4	5	9
24▸	4	3	1	2	9	5	18▸	3	8	7
6▸	1	5	8/8	1	3	4	8/16	1	7	4
	6/16	4	2	23▸	8	6	9	3/14	2	1
21▸	7	8	6	32▸	5	2	7	9	6	3
15▸	9	6		15▸	7	8	6▸	5	1

Solution Puzzle 31

	6	18		11	4		6	11
9	2	7	6\22	5	1	24 / 12\19		5	7
13	4	9	29\10	8	6	3	5	2	1	4
	12	2	7	3	**17**	9	8	**13**
17	3\7	1	2	**4** / 17\10	7	9	1	**17**
32	8	5	2	9	1	4	3	**15**	7	8
11	9	2		**9**	3	6		**14**	5	9

Solution Puzzle 32

	15	34		13	14		34	12
17	8	9	8\9	5	3	**6**	2	4
11	7	4	22\15	5	8	9	**15** / 15\7	7	8
	12	5	6	1	10\10	2	4	1	3
20\16	7	9	3	1	13\13	2	6	5	**3**
17	9	8		**24**	7	8	9	**9**	8	1
8	7	1		**7**	2	5		**11**	9	2

Solution Puzzle 33

	35	13	12			14	25	
18	7	8	3	**20**	8\16	6	2
21\16	4	5	9	3	18\9	9	8	1	**17**
16	7	9		16\12	8	1	7	**16**	7	9
14	9	5	22\8	8	9	5	**6** / 12\9	4	8
19	8	7	4	**12**	3	2	1	6
3	2	1			**17**	4	8	5

Solution Puzzle 34

	14	20		25	31		13	8
16	9	7	**10**	2	8	**6**	4	2
13	5	8	7\3	6	1	**14** / 14\27	8	6
	29\6	3	2	5	4	8	6	1
	32\11	3	2	1	4	7	6	9	**4**
10	8	2		**3**	1	2	**5**	4	1
4	3	1		**16**	7	9	**11**	8	3

Solution Puzzle 35

	17	16		26	11	5	
10	3	7	**17**	7	2	4	1	**20**
22\11	5	9	8	28\13	9	7	4	8	**15**
3	2	1	**21**	9	4	8	**13** / 9	2	7
11	9	2	**16** / 18\14	3	7	8	**14\12**	6	8
28	6	9	8	5	**12**	5	4	3
	14	7	6	1		**9**	8	1

Solution Puzzle 36

	23	26			20	13	15	
8	6	2	**12** / 7\27	1	4	2	**35**
16	9	7	**24**	3	1	2	9	4	5
11	8	3	19\17	9	7	3	16\6	9	7	**15**
16	9	7	13\8	5	6	2	**16**	9	7
26	5	1	2	6	8	4	**13**	8	5
	23	9	6	8			**9**	6	3

Solution Puzzle 37

		35	15			17	25		23	7
	15▸	8	7		17▸	8	9	10▸	6	4
	8▸	2	6	17▸	10/28	2	8	5▸	3	2
22/23	4	2	3	5	1	7	8/13	7	1	
15▸	6	9	33▸	5	8	6	1	9	4	
16▸	9	7	8▸	2	6		3▸	1	2	
13▸	8	5	16▸	7	9		4▸	3	1	

Solution Puzzle 38

	6	22			34	27		24	11
12▸	4	8		7▸	3	4	3/15	1	2
11▸	2	9	22▸	30▸	4	2	7	8	9
6▸	5	1	28/17	5	6	8	9	10	
29/17	9	8	7	5	7▸	6	1	12	
31▸	8	5	9	6	3	16▸	7	9	
16▸	9	7	16▸	9	7	5▸	2	3	

Solution Puzzle 39

25	21				17	28	7	37	
9▸	7	2		27/11	8	9	4	6	
13▸	8	5	29/19	8	9	4	1	7	15
5▸	4	1	4/23	1	3	26/17	8	2	9	7
27▸	6	4	8	9	16/17	9	7	5▸	4	1
33▸	3	6	7	9	8		8▸	3	5
25▸	6	9	2	8		10▸	8	2

Solution Puzzle 40

7	22		5	19			24	17
4▸	3	1	8/15	1	7	16▸	7	9
6▸	4	2	21/6	8	4	9	14▸	10/11	2	8
15▸	5	4	6	14/20	3	2	4	5
15/4	4	2	1	8	11/16	3	7	1	8
10▸	3	7	21▸	5	7	9	13▸	6	7
4▸	1	3	16▸	7	9	4▸	3	1

Solution Puzzle 41

12	16		10	11			27	10	
17▸	8	9	4▸	1	3	14▸	6	5▸	1
7▸	4	3	16/27	2	8	6	16/13	7	9
13▸	4	6	3	16/14	8	2	6	19
15/13	5	4	6	22/12	6	9	7	9
15▸	8	7	21▸	8	9	4	16▸	9	7
14▸	5	9	4▸	3	1	5▸	3	2

Solution Puzzle 42

		15	8			7	4	19
	6▸	1	5	14▸	15▸	5	3	7
5▸	13/22	9	3	1	6/21	2	1	3	11
11▸	4	2	5	10▸	4	6	3/18	1	2
7▸	1	6	10▸	17/4	9	8	20/14	3	8	9
9▸	5	3	1	24▸	7	9	8
19▸	9	7	3	12▸	5	7

Solution Puzzle 43

		12	19				9	19	22
	14\31	5	9	21		8▶	1	2	5
10▶	2	1	3	4	6	24▶	8	7	9
33\8	8	6	7	9	3	19	9\10	1	8
8▶	1	7	3	31▶	8	2	9	7	5
8▶	2	5	1		14▶	1	7	2	4
16▶	5	9	2			4▶	3	1	

Solution Puzzle 44

		26	17				18	23	33	
	9▶	1	8			18▶	6	9	3	
	12\10	3	9		10	24\15	7	8	9	12
9▶	7	2	23	39\10	9	8	5	6	4	7
23▶	3	4	6	2	1	7	13\10	8	5	
	21▶	7	9	5			16▶	9	7	
	20▶	9	8	3			3▶	1	2	

Solution Puzzle 45

		38	11	14				14	27	
	12▶	7	2	3			16▶	9	7	
	9\16	3	5	1	6	3	8\16	5	3	5
33▶	7	5	4	6	1	2	8	4\18	1	3
15▶	9	6	28\6	4	5	1	3	7	6	2
	11▶	9	2			8▶	1	5	2	
	12▶	8	4			18▶	4	6	8	

Solution Puzzle 46

		35	10				15	26	23
	13▶	9	4		11	22\4	9	6	7
	14\24	8	6		18\14	5	1	6	2	4
14▶	8	6	15\11	8	4	3	4▶	1	3
16▶	9	7	6\4	3	1	2	17\11	8	9
23▶	6	3	1	8	5	6▶	2	4	
6▶	1	2	3			14▶	9	5	

Solution Puzzle 47

	6	37		21	24		29	29	
3▶	1	2	16▶	9	7		16▶	7	9	
14▶	5	9	13\27	8	5	29	15▶	9	6
	28▶	5	7	4	3	9	7\12	5	2
	10▶	7	3	28▶	9	7	1	8	3	15
	14▶	6	8		9▶	5	4	17▶	8	9
	17▶	8	9		15▶	8	7	7▶	1	6

Solution Puzzle 48

		30	12			31	7			
	17▶	9	8		15\27	9	6	9	24	22
	9\21	5	4	28▶	9	7	1	3	2	6
17▶	9	8	16	13▶	8	5	23▶	6	8	9
12▶	4	1	7	15\7	7	8		13\13	6	7
30▶	8	7	9	3	1	2	5▶	4	1	
		6▶	4	2		16▶	9	7		

Solution Puzzle 49

		25	14			13	14	15	
16▸	7	9	13	24/7	9	8	7	35	
42/5▸	1	5	7	2	4	6	8	9	10
8▸	2	6	11▸	6	5	10	6	14▸	8	6
12▸	3	9	14	10	4/3	3	1	11/11	7	4
	36	2	8	3	1	7	5	4	6
		15▸	6	7	2	12▸	7	5	

Solution Puzzle 50

		15	29			37	22		4	22	
3▸	1	2	3	9	7	2	7	3	4	
10▸	4	5	1	11/16	8	3	4/9	1	3	21
36▸	8	9	2	7	4	5	1	7/3	2	5
6▸	2	4	39/7	9	6	7	8	1	5	3
	4	1	3	13▸	9	4	7	2	1	4
	12▸	8	4	4▸	3	1	16▸	7	9

Solution Puzzle 51

		29	26			24	14			3	15
8▸	5	3	9/12	3	6	10/9	2	8
10▸	8	2	23▸	9	6	8	10/3	2	1	7
16▸	9	7	4	3	1	9/22	2	7	18	7
12▸	7	5	30	11	2	8	1	3	2	1
	15	9	6	13/16	4	9	16	10/21	4	6
		41	2	7	8	5	9	4	6	15
	4	17/34	8	9		22▸	7	6	1	8
20▸	3	8	9	10		15/6	3	5	7
15▸	1	7	4	3	15	3/34	2	1
	34/6	6	1	7	8	3	4	5	35
6▸	2	4	12/12	5	7	10	2	8	27
13▸	4	9	13/9	5	2	6	8	16▸	7	9
	6	13/9	6	7	3/12	1	2	10▸	6	4
14▸	5	6	3	21▸	7	8	6	17▸	9	8
4▸	1	3		14▸	5	9		11▸	5	6

Solution Puzzle 52

		16	45			6	19		17	31	
16▸	7	9	9	11	2	9	14/13	9	5
24▸	9	8	7	33	4	7	5	8	9	17
	8/15	6	2	23	11/12	3	8	14▸	6	8
9▸	6	3	16/5	9	7			13/13	4	9
26▸	9	4	2	6	5	18	9/9	2	7
	16/9	5	3	8	9	3	5	1	45
6▸	4	2	10	22/9	9	4	6	3	13
8▸	5	1	2	7/16	1	6	15▸	4	2	9
	25▸	7	3	9	6		13	5/9	1	4
	13/18	4	7	2	22/16	7	6	9	8
4/11	3	1		17▸	7	1	3	4	2
4▸	3	1	15	14/14	9	5	14/4	8	6
13▸	8	5	16/7	9	7	16	9	3	6	12
	28▸	7	2	6	4	9	11▸	1	7	3
	7▸	2	5	10▸	3	7	14▸	5	9

141

Solution Puzzle 53

	15	6		11	13		26	38		
8	3	5	16\10	7	9	17	8	9	3	
21\6	5	1	8	3	4	18\16	9	7	2	
7	5	2	3\20	2	1	16	7	2	6	1
8	1	4	3		17	21\11	9	7	5	5
6	1	5	9\21	8	1		11\14	8	3	
8	21\14	8	1	9	3	10\24	5	3	2	
19	1	5	4	9	20\24	5	6	9	16	7
16	7	9	25\10	8	6	2	9	8\27	7	1
16	16\34	6	3	7	27\6	4	8	9	6	
16	7	5	4	17	2	1	5	9	27	
17	9	8	25	14\17	9	5	10	6	4	16
23\13	6	9	8		13	13\17	4	2	7	
16	4	2	1	9	12\11	4	8	17\17	8	9
20	9	4	7	35	5	7	9	8	6	
17	9	8	8	6	2	16	9	7		

Solution Puzzle 54

	9	41		12	22			20	38	
4	3	1	15	7	8		4	1	3	
8	6	2	14\10	5	9	36	16	9	7	
16	9	7	6\17	5	1	14\12	8	6		
16\6	7	1	8	12	4	1	2	5	16	
22	3	8	2	9	13\37	8	5	16	9	7
8	2	6		7	1	2	4	17\16	8	9
6	1	5	7	18	4	3	2	9	37	
4	3	1	16\20	9	7	10	7	3	18	
5	26\32	6	8	7	5		3	2	1	
6	2	4	11	2	3	6	6	17\18	9	8
11	3	8	10\14	4	6	18	2	1	6	9
15	3	1	6	5	19\24	4	8	7		
11	7	4	11	2	9	14\7	9	5	7	
16	9	7		14	8	6	3	1	2	
3	1	2		8	7	1	9	4	5	

Solution Puzzle 55

	17	45	24				11	17		
24	9	7	8	3		14	5	9	28	
14	8	1	3	2	22	23	6	8	9	13
10	3	4	1	2	19	9	15	8	7	
17\8	8	9	20	7	8	5	10\16	4	6	
7	5	2	6	22\3	1	2	3	9	7	
37	3	6	4	2	5	9	1	7	45	5
11\15	5	2	1	3	38		12	8	4	
16	7	9		12	4	8	4	4\13	3	1
12	8	4	17	21	26\18	6	3	8	9	5
	43\25	8	6	3	9	1	5	7	4	
	35\17	8	9	7	6	5	5\10	4	1	
16	9	7	24	8	9	7	4\12	3	1	
17	8	9	13	6	11	3	5	1	2	6
	15	1	9	5	20	7	2	6	5	
		5	4	1		10	4	5	1	

Solution Puzzle 56

		30	16	9			12	13	16
	8	5	1	2	30	15	3	5	7
	28	8	9	4	7	23\21	6	8	9
	25	1	4	3	8	7	2	43	26
23	9\37	7	2	25\24	9	5	1	4	6
20	6	5	9	22\13	7	6	9	4	1	3
17	8	9	14	6	8		14\8	6	8
16	9	7	16\8	7	9	18	1	8	9
11\27	4	7		20	16\16	7	9	22	
7	4	2	1	10	3	7	16	7	9
7	6	1	12	17\29	8	9	13\19	5	8
14	8	6	23\20	6	8	9	9\15	1	3	5
22	9	3	1	4	5	3\8	1	2	
4	31\9	4	2	9	5	8	3		
19	3	7	9	22	7	2	4	9	
9	1	2	6		7	1	2	4	

Solution Puzzle 57

Solution Puzzle 58

Solution Puzzle 59

Solution Puzzle 60

Solution Puzzle 61

	6	38				4	15		
3	2	1	22			3\	1	2	18	12
11	3	2	6	12	6	25	3	6	7	9
18	1	6	4	5	2	25	8/4	4	1	3
39	8	5	7	4	9	1	3	2	10	
16/17	9	7		8/17	5	3	14	5	9	
14	9	5	11	12/23	8	4	11	4	3	1
42	8	4	5	6	9	7	3	16	43	
17	3	6	8	19	18/6	2	9	7	7	
3	30	37	9	2	1	6	7	8	4	
5	1	4	12/5	7	5		12/30	9	3	
10	2	8	12/21	3	9	12	15/16	9	6	
39/17	9	4	2	1	5	7	8	3	16	
24	8	7	9	17	34	7	9	6	4	8
20	9	2	1	8			15	7	5	3
	16	7	9				6	1	5	

Solution Puzzle 62

	16	34			31	3			37	13
7	1	6		11	9	2	9	17	9	8
5	3	2		15/13	6	1	8	12/12	7	5
9	4	5	5	4	1	10/4	1	4	5	13
14	6	8	17	9	7	1	14	8	2	4
11	2	9	17	11	8	3		15/6	6	9
	12	4	8	17		5	4/18	1	3	13
17	12/42	9	3	15/4	2	3	5	1	4	
17	9	8	20/4	9	1	3	7	13/6	4	9
19	8	2	1	5	3	12	8	4	39	
	9/14	6	3		11	30	11	2	9	32
9	5	4	9	5	4	1	13	7	4	3
20	9	7	4	16/12	7	5	4	12	5	7
	21/12	9	5	7	16/11	7	9	15	7	8
8	3	5	19	5	6	8		17	8	9
10	9	1		14	5	9		11	6	5

Solution Puzzle 63

	15	45				12	20		
7	6	1			4	13/44	8	5	
11	9	2	25	23	3	9	4	7	20
7/21	5	2	4/16	1	3	13/29	8	5	5
30	6	9	8	7	16	7	9	7	6	1
28	5	8	6	9	10	2	8	13/16	9	4
19	3	7	9		20/38	4	7	9	45	37
6	2	4		30	1	6	5	7	3	8
4	1	3	15	14/26	6	8		3	1	2
28	4	6	8	3	2	5		15/27	6	9
12	16/16	7	6	3		20/3	8	5	7	
15	7	8	13	8	5	13	1	4	2	6
8	5	3	17/20	9	8	17/7	2	6	4	5
12	5	7	15/4	9	6	16	9	7	10	
	16	8	3	4	1		14	8	6	
	6	5	1				13	9	4	

Solution Puzzle 64

	9	10	7			13	15		
7/3	1	4	2	14		4	1	3	8
22	1	2	6	5	8	13	21/12	9	5	7
8	2	6	16	30/6	6	5	8	3	7	1
	11/41	6	5	4	1	3		31	5	
14/10	6	7	1	5/24	4	1	4	3	1	
6	1	2	3	10/11	7	3		10/8	6	4
14	9	5	17/5	9	8	17	10/14	3	7	
37	7	4	2	9	3	6	5	1	8	
9/7	8	1		17/26	9	8	14/14	8	6	
14	5	9		14/20	9	5	9/13	3	4	2
6	2	4	6	4	2	18	7	9	2	
	10	19	16/20	9	7	8/4	6	2	7	10
34	4	9	5	7	8	1	7	4/13	1	3
23	6	8	9		29	3	6	9	4	7
	8	2	6			7	1	4	2	

Solution Puzzle 65

	11	45		17	28		3	22	
3►	2	1		13►9	4	4►1	3		
13►9	4	5	15/10►8	7	6/17►2	4	8		
20►8	3	9	14►5	9	5►2	3			
8/23►5	2	1	10/24►2	8	11/12►6	5			
16►9	7		16►7	9	10/29►3	7			
4►1	3		18/30►8	1	7	2	45		
7►5	2	16/18►7	9	11►8	1	2	24		
25►8	9	2	6	21/13►9	6	1	5		
15►6	1	8	7/35►2	5	7►3	4			
29/27►7	9	5	8	15►7	8				
11/14►3	8	7/5►4	3	15	11/5►4	7			
6►5	1	12►4	8	21►8	4	9			
15►9	6	3/4►1	2	14/6►7	1	6	16		
12►9	3	8►7	1	12►5	7				
9►8	1	14►9	5	17►8	9				

Solution Puzzle 66

	35	22		11	6			29	5
12►5	7	14►9	5	8	6	5►5	1		
16/13►7	9	9/10►2	1	6	12/8►8	4			
27►9	8	6	4	17►7	2	1	4		
7►4	3	9/11►6	3	14►8	7	1	9		
4/12►1	3	16►7	9	24►3	2	1			
21►4	9	8	15/18►6	5	4	14/4►6	8		
10►8	2	9/8►8	1	10►6	1	3			
13/37►7	6	8/21►5	3	32	16				
13/14►9	1	3	15/9►6	9	9/9►2	7			
6►5	1	7	1	4	2	21►4	8	9	
12►9	3	16	14►5	9	14/13►5	9	4		
14►5	9	17	11►4	7	6/20►5	1			
20/14►4	7	9	6	20/9►6	7	4	3		
13►5	8	19►8	5	6	6►5	1			
16►9	7	4►1	3	11►8	3				

Solution Puzzle 67

	13	7			6	9		18	9
4►3	1	4/12►1	3	7/16►6	1				
3►1	2	12	39/3►7	5	6	9	4	8	
23►9	4	3	2	5	3/19►1	2	11		
7►10/20	9	1	17►23/16►3	6	5	9			
3►1	2	23/10►8	9	6	3/18►1	2			
12►4	8	35/13►6	9	7	8	5			
20►2	9	5	4	9►2	7	21			
4►1	3	19	10/10►2	8	23				
7►4	3	14►24/5►7	4	5	8				
13►25/23►1	8	9	4	3	16►7	9			
9►4	5	8/24►2	5	1	13►7/4►1	6			
24►9	2	7	6	8/12►5	3	23	16		
11/3►3	8	14►26/3►7	8	1	6	4			
27►2	4	9	6	1	5	13►8	5		
10►1	9	10►8	2	16►9	7				

Solution Puzzle 68

	31	22		12	35		12	45	
17►9	8	15►7	8	14►5	9				
16►7	9	14►5	9	10/7►7	3	23			
5/4►2	3	12►7	6	1	17►8	9			
12►1	5	2	4	13/13►7	6	8►2	6		
11►3	8	21/10►7	9	5	15/4►7	8			
13/45►8	1	4	9	6/11►1	5	17			
10/14►8	2	3	31/12►7	8	3	4	9		
13►8	5	10/16►1	4	2	14/11►6	8			
29►6	4	9	2	8	15►7/17►6	1			
8/15►1	7	19/28►8	6	5	35	17			
12►3	9	18/13►9	7	2	17/26►8	9			
14►8	6	16►9	7	25►9	3	5	8		
6►4	2	9/14►4	5	6	15►9	6			
16►7	9	9►4	5	17►8	9				
8►3	5	4►3	1	13►6	7				

Solution Puzzle 69

		7	39		16	13	28		
	9\	2	7	22\	9	8	5	9	13
	12\18	4	8	20\13	7	5	3	1	4
10\4	3	1	4	2		23\4	6	8	9
11>	3	8	13\22	9	4	9\	1	8	24
21>	1	7	2	5	6	13\10	3	4	6	4
	21\23	5	6	1	9	12\16	2	7	3
17>	8	9	7	8	1>	7	6\27	5	1
11\4	4	6	1	13	21>	9	8	4	
10>	3	7	15\22	6	9	30	6\21	4	2
9>	1	3	5	22\13| 4	6	3	9	15	12
	11>	1	2	8	35>	7	5	6	8	9
	7>	6\5	1	5	15>	9	6	4\17| 1	3
7>	2	1	4	7	21\11	8	4	3	6
31>	5	4	7	6	9	8>	2	6	
	6>	3	1	2	9>	1	8		

Solution Puzzle 70

			14	12		23	15		25	4
		4>	1	3	3>	2	1	6\6	5	1
		13\27	4	9	31\12	9	8	5	6	3
	15\14	6	9	21\27	3	4	6	1	7	16
14>	9	5	21>	6	7	8	11\13	4	7	
8>	5	3	6\16	4	2	14\14	2	3	9	
	24\4	7	9	8	13	16>	9	7		
29>	3	4	7	9	6	9\17	5	4	24	4
3>	1	2	6	16\7	7	9	20	6\14	5	1
		4>	3	1	31>	8	4	9	7	3
	15>	8\27	2	6		13\7	6	5	2	13
13>	7	5	1	12\20	4	8	7>	1	6	
17>	8	9	15>	10\9	7	1	2	13\22	6	7
	17\10	4	7	1	3	2	8\6	5	3	
22>	1	2	8	5	6	11>	2	9		
16>	9	7	7>	3	4	12>	4	8		

Solution Puzzle 71

	14	38			18	27			36	13
9>	4	5		14>	9	5		8>	6	2
17>	8	9		15\9	7	8		15>	8	7
8>	2	6	6\13	3	2	1	28	6>	5	1
	16\7	3	7	6	15\3	6	9	10\10	7	3
14>	1	7	6	19\13	2	7	5	1	4	12
14>	6	8	7\14	6	1	26\13	8	9	2	7
	12\44	5	7	13\6	7	6	8\9	3	5	
	15\17	6	9	8\20	2	6	8\13	7	1	
13>	8	5	13\16	9	4	8\7	6	2	33	3
26>	9	8	7	2	12\23	5	7	11\12	9	2
	19\24	3	9	1	4	2	7\4	4	2	1
10>	6	4	15>	8	7	14\6	1	8	5	15
3>	1	2		9>	5	1	3	5>	3	2
16>	9	7		3>	1	2		10>	6	4
17>	8	9		9>	6	3		17>	8	9

Solution Puzzle 72

		9	33			12	29			
	15>	10\20	1	9		15>	7	8		
10>	1	4	2	3		31>	14\4	5	9	26
28>	5	9	6	8	11\17	8	3	6\4	1	5
16>	9	7	34\10	7	9	2	1	3	4	8
	10>	28\3	9	6	8	5	7\24	1	2	4
6>	3	2	1		17>	9	8	14\6	5	9
8>	7	1	6	18>	19\27	6	9	4		
		27>	5	8	4	1	7	2	14	15
	26>	18\38	1	9	8		14\16	6	8	
16>	7	9	4\14	1	3	17>	24\21	9	8	7
19>	6	5	8	30\14	6	9	8	7	10	16
36>	4	3	6	9	5	8	1	6\11	4	2
15>	9	6	6\4	5	1	11>	3	2	1	5
	11>	8	3		29>	7	8	5	9	
	8>	7	1		3>	2	1			

Solution Puzzle 73

			4	12				34	10
7	5/37	1	4				16	9	7
12	1	6	3	2	10	26	11/4	8	3
15	6	9	13/29	6	7	14/16	7	3	4	24
7	4	3	26/14	3	7	2	1	5	8
18/6	5	4	9	14	9	5	16/41	7	9
11	1	3	2	5		17/17	3	6	1	7
8	5	2	1	22/6	8	9	5	38
13	8	5	13/22	4	9	17	9	8	9
21	19/29	8	9	2	15/9	7	2	6
27	9	5	6	7	16	22	8	4	7	3
15	7	8	10/16	1	9	6/17	1	2	3
38	5	6	9	3	7	8	12/13	8	4	7
10/17	1	7	2	11	9	2	6/3	5	1
10	8	2			19	3	1	9	6
16	9	7			10	8	2

Solution Puzzle 74

		28	7				5	15
14/21	8	6	6			10/8	3	7	14
13	6	4	1	2	5	16/16	5	2	1	8
15	8	7	16	4	2	7	3	8/20	2	6
16	7	9	3	12/14	3	9	7/4	2	5
6	7/17	2	5	14	4	1	3	19	15
24	5	2	1	9	7	26/30	3	6	9	8
4	1	3	18	13	4	9	12	4	1	7
4/12	1	3	10	2	8	8	5	3	4
11	3	6	2	8/8	1	7	9	3/14	2	1
27	9	5	7	6	30	6	8	9	4	3
3/24	1	2	6	6/4	1	5	20	22
9/10	4	5	7/15	4	3	13	6	1	5
5	2	3	15/11	8	2	1	4	12/10	3	9
29	8	9	5	7	30	9	6	7	8
14	8	6			13	4	9

Solution Puzzle 75

		17	17			12	20	
13	9	4	8	12	3	9
28	13/45	8	3	2	25	10	2	8
14	9	5	9/17	1	6	2	4/14	1	3
30	6	7	8	9	20/26	9	5	6	45	4
24	7	8	9	23/13	9	8	6	11	8	3
9	5	4	24	9	8	6	1	5/16	4	1
4	1	3	11/10	4	7	10/15	2	7	1
17	9	8	10/27	2	8	16/11	9	7	34
11/9	6	2	3	4/10	1	3	13	5	8
8	6	2	24	9	3	4	8	16/9	9	7
4	3	1	11/22	8	1	2	19/22	4	6	9
12/17	3	7	2	22/3	8	5	3	6
3	1	2	7	4	1	2	6/6	2	4
16	7	9	8	2	5	1
17	9	8	12	7	5

Solution Puzzle 76

	11	25			8	7	11
14	5	9		7	1	4	2	29
11	3	8	6	35	24	7	3	9	5	21
13	1	3	2	7	13/37	6	7
20	2	5	4	9	16	10/21	4	1	5
11	20	14	5	9	28	4	7	8	9
16	7	9	15/27	8	7	23/4	8	6	9
24	3	8	7	6	20/9	3	9	8	16	23
6	1	3	2	5/11	4	1	22/22	9	5	8
11/27	4	2	5	15/6	2	3	4	6
7/13	2	1	4	4	1	3	16	7	9
23	1	9	8	5	11	5	6	9	27	18
21	9	7	5	21	4	1	7	9
7	3	4	16	17	5	29	7	8	9	5
26	5	9	8	4	11	8	3
17	7	9	1	4	3	1

Solution Puzzle 77

	5	40			38	5			28	16
12	4	8		7	6	1		13	4	9
7	1	6	30	13\5	9	4	9	8\8	1	7
23\12	4	9	3	7	6\27	1	3	2		
45	4	1	6	2	3	7	8	5	9	15
18	8	3	7	17	8	9		15	7	8
17\4	9	8	13	5	8	5	12\13	5	7	
3	1	2	7	4	8	3	1	4	37	16
13	3	7	2	1	18	22	4	9	2	7
4	9\28	5	3	1	28		10\26	1	9	
5	3	2		11	3	8	14	8	6	14
8	1	7	6	8\13	5	3	24\13	9	7	8
	45	5	4	8	9	1	7	2	3	6
8\6	1	2	5	22\6	5	6	7	4	9	
14	5	9	3	1	2		7	5	2	
5	1	4	14	5	9		16	9	7	

Solution Puzzle 78

	3	16		6	26		3	15		
10	1	9	10	4	6	4	1	3		
5	2	3	5\28	2	3	9\8	2	7	45	
	10	4	6	9\17	8	1	7	5	2	13
	31	27\45	5	6	9	7	3	5\14	1	4
21	7	4	8	2		23	2	8	4	9
29	5	7	9	8	7	10\20	1	6	3	17
17	8	9	9	1	2	6		6	5	1
14	9	5		6	1	5	28	15	9	6
5	2	3	14	21\7	4	9	8	8\28	6	2
	20\10	6	9	5		29	9	8	7	5
11	3	1	5	2	8	25\29	5	9	8	3
9	7	2	22	22	2	9	6	5	8	
	17	8	9	13\16	6	7	7\8	6	1	8
	13	6	7	6	5	1	4	3	1	
	16	7	9	15	8	7	11	4	7	

Solution Puzzle 79

	19	9			6	16		18	14	
6\14	4	2	38	4	1	3	16	7	9	
26	5	8	7	6	6\22	5	1	9\30	4	5
16	9	7	15\3	8	7	15	2	8	5	
4	12\16	2	9	1	12	4	6	2		
21	3	9	1	2	6	13\8	6	7	17	8
8	1	7	19\4	4	8	7	22\43	9	7	6
	8\11	3	5	6	1	5	6\5	4	2	
9\13	5	1	3	14	18	9	3	6		
7	5	2	10\17	1	9	6\21	4	2	8	14
13	8	4	1	16\18	5	8	3	6\12	1	5
	7\11	3	4	34	4	6	8	7	9	
7	2	4	1	7	2	1	4	24	10	
18\13	1	9	8	15\16	7	8	17\11	9	8	
8	5	3	9	2	7	26	7	9	8	2
13	8	5	12	3	9		9	2	7	

Solution Puzzle 80

	15	20		8	24			6	25	
3	1	2	8\7	1	7		10	4	6	8
34	7	8	6	4	9		10	2	7	1
23	5	6	1	3	8	4	19	15\6	8	7
5	2	3	23	8	18	3	9	2	4	
	16	1	8	7	10\17	1	6	3	26	6
	12\13	9	1	2	14\29	4	1	6	3	
	9\19	3	6	17	8	9		10	8	2
4	3	1		6	1	5	4\22	3	1	
9	7	2	20	13\13	6	7	16\5	7	9	
29	9	7	5	8	20\16	8	3	9	33	
	17\26	7	1	9	17	2	6	9	30	
	28\16	9	8	4	7	11	18	17\4	8	9
14	9	5	4		30	5	9	3	7	6
12	7	4	1		19	2	6	1	3	7
	11	8	3		7	4	3	14	6	8

Solution Puzzle 81

		26	4	17			33	17
	11▶	2	1	8		16/31	7	9
8	19/26	7	3	9	22▶	9	5	8
15▶	5	1	9	16	16/27	7	9	13
25▶	2	6	8	9	14	10▶2	3	1	4
3▶	1	2	16/5	7	9	26/23	6	8	3	9
4/9	3	1	33▶5	9	7	4	8
11▶	2	5	4	28	12/15	8	4	39	9
16▶	7	9	30▶7	9	6	8	16/16	9	7
	21	5/17	1	4	11	14▶7	5	2
20/9	3	1	6	2	8	17/7	9	8	16
13▶	1	4	3	5	5▶3	2	7/24	4	3
29▶	8	5	7	9		28▶5	9	6	8
	10/5	6	4		8	18/16	6	7	5
7▶	4	1	2		10▶2	7	1
3▶	1	2			23▶6	9	8	

Solution Puzzle 82

		10	11		22	21			14	30	
7▶	1	6	5/30	1	4		16▶	9	7	16
29▶	9	5	4	3	8	6	16/7	5	2	9
	20/23	3	2	9	5	1	15/14	8	7
18/7	6	5	7	15▶1	6	5	3
30▶	6	7	8	9		3▶2	1	11
17▶	1	9	7		14	21/11	7	5	9
3▶	1	2	16	10/13	8	2	6/28	4	2
8▶	35/39	1	7	8	6	9	4	21
13▶	7	6	14/7	9	5		6▶5	1	9
8▶	1	3	4		23/15	6	9	8
6▶	5	1	16	7	14▶4	3	6	1
22/14	7	2	9	4	15/22	3	7	5
17▶	8	9	19/12	7	3	6	1	2	11	4
23▶	6	8	9		26▶9	5	1	8	3
4▶	1	3		9▶7	2	4▶3	1

Solution Puzzle 83

		40	29		7	6		26	40	
10▶	8	2	4/4	3	1	4/11	3	1	7
45/4	7	9	1	4	5	3	8	6	2
15▶	1	5	6	3	12	23/8	8	6	4	5
8▶	3	1	4	7▶1	6	16/6	9	7	15
14/7	6	8	11/13	4	2	5	17/9	8	9
5▶	1	4	3▶1	2	15▶1	3	5	6
15▶	6	9	14/18	9	5	13/13	4	9
	7/28	4	3		9/13	7	2	33	16
14/9	6	8	13	4	3▶1	12▶3	9
17▶	3	1	6	7/16	2	5	15/25	8	7
8▶	6	2	22/12	6	9	7	5▶1	4	14
4/5	3	1	8/3	7	1	23/6	9	6	8
11▶	2	5	3	1	4	12/13	2	3	1	6
45▶	3	7	6	2	1	5	4	8	9
	6▶	4	2	11▶3	8	6▶4	2

Solution Puzzle 84

		19	24		22	8			45	5
5▶	4	1	15	4/16	3	1	11	4	1	3
41▶	5	2	6	9	8	7	4	6/12	4	2
28▶	2	4	9	7	6	20/11	7	8	5
17▶	8	9	7	12▶4	8	6▶4	2	6
13▶	8	5	4/12	1	3	4/8	3	1
15▶	9/45	2	7	7		12▶1	6	5
8▶	7	1	7▶5	2	10	15▶7	8	4
15▶	8	7	16	8	5▶5	3	17	8▶7	1
15/9	6	9		16▶7	9	12/15	9	3
19▶	8	4	7	5	15/30	8	7	32
6▶	1	5	9	12▶3	9	15▶8	7	12
6▶	2	4	7/12	2	5	16	10/11	8	2
12/6	3	5	4	33/13	8	9	7	5	4
11▶	2	9	38▶8	9	6	7	4	3	1
12▶	4	8		6▶4	2	14▶9	5

Solution Puzzle 85

	11	38		10	21				16	11
8	1	7	5	1	4		14\15	9	5	
17	8	9	11	3	8		16\42	3	7	6
3	2	1	13\33	4	9	14	9	5	29	
	14	5	7	2		23\28	8	6	9	18
6\5	2	4		23	8	6	1	5	3	
20	3	8	9	32	12	7	5	13	7	6
19	2	6	8	3	16\30	9	7	17\24	8	9
	22	28\14	5	6	8	4	3	2	40	17
7	5	2	7	1	6	26	4	8	5	9
16	9	7	13\15	4	9		15	4	3	8
31	8	4	3	9	7		16\24	9	7	
	8	1	5	2		8\13	5	1	2	19
	14	8\7	1	7	15	8	7	17	8	9
14	5	3	6		13	4	9	9	6	3
13	9	4		4	1	3	16	9	7	

Solution Puzzle 86

	45	21		19	13			18	4
3	2	1	8	3	5		6	5	1
4	1	3	17\6	9	8	9	7\25	4	3
20	5	6	2	7	16	7	3	6	4
7\11	4	2	1	12	11\21	2	5	1	3
29	2	6	9	3	4	5	7\9	4	2	1
13	5	8		29	8	9	5	7	45	
4	1	3		22	7	4	6	5	11
12	3	9	29	7	9		10	8	2
13	7	3	1	2	11		4	1	3
14	16\24	7	6	1	2	13	3\15	2	1
22	8	5	9	34\8	6	9	4	3	7	5
26	6	7	8	5	12\12	1	5	6	
6\3	1	2	3	26\5	5	8	4	9	
10	2	8		8	2	6	6	2	4
4	1	3		4	3	1	4	1	3

Solution Puzzle 87

	11	25		20	28			15	38	
4	1	3	15	8	7		17\17	9	8	
13	7	6	17	9	8	17	8	5	4
12	3	9	7\15	3	4	12\4	9	1	2	19
11	7	4	10\29	9	1	11	12	7	5
3	17\14	8	9	7	3	4	17\22	9	8
19	1	8	3	7	10	25	7	9	3	6
8	2	6	11\9	5	6	5	11\29	6	5
	31\36	6	8	4	1	5	7	5	16
5\10	4	1	7	13	4	9	9\13	2	7
18	7	8	2	1	15	25	7	6	3	9
5	2	3	14	6	8	11\25	8	3	12
10	1	9	13	9\13	7	2	6\24	4	2	19
8	1	2	5	14	6	8	10	3	7
18	6	4	8	16	9	7	15	6	9
12	5	7		17	8	9	4	1	3

Solution Puzzle 88

	7	45				19	6	21	
12	4	8	6		13\24	7	1	5	
12	3	4	5		29	7	8	5	9	23
3\16	2	1	14	7\16	3	4	8	2	6
8	7	1	21	6	7	8		13	4	9
16	9	7	18\13	8	9	1	12	9\9	1	8
15\10	6	9	22	12\17	5	1	6	45	
28	9	5	4	2	8	17\15	6	3	8	12
4	1	3	26\17	8	9	6	3	6\14	2	4
24	9	8	7	32\23	9	2	6	7	8
10	21\34	9	5	7	10	13\9	8	5	10
11	4	7		21	8	6	7	11	3	8
5	1	4	7\10	1	4	2	3\10	1	2
14	5	9	4\14	1	3		5	1	4	13
17	6	5	2	4		22	9	6	7
24	8	9	7			15	9	6

Solution Puzzle 89

	14	35		11	11			34	14
12	5	7	4/16	1	3		4	14/15	6	8
32	3	9	7	8	5	18/16	1	7	4	6
45	4	6	9	2	1	5	3	8	7	13
10	2	8	5	9	2	7	9	14	8	6
	7	5	2	5	6	4	2	16/17	9	7
	14	7/21	3	4	4	15	7	8	11	
15	8	7	4	1	3	14	12	9	3	5
11	6	5	6	9	1	8	9	6	2	4
	14	9	5	15	8	6	2	7/5	6	1
	4	8/25	1	7	13	11	7	4	23	
4	3	1	12	8	4	30	9	1	8	18
5	1	4	6	16/14	7	9	22	16/10	7	9
	45/16	9	1	8	2	6	7	3	5	4
28	9	8	5	6	26	8	6	7	2	3
10	7	3			16	7	9	3	1	2

Solution Puzzle 90

	6	35		21	16			8	43	
3	1	2	13	9	4		6	5	1	15
14	5	9	5/27	4	1		8	1	3	4
	19	4	2	8	5	3	15/11	2	8	5
	17/8	8	9	16/13	6	2	8	15/10	9	6
11	2	5	3	1	11	1	3	2	5	
30	6	7	8	9	10		12	8	4	14
	15	15/38	5	3	7	17		13	7	6
7	6	1		12	3	9	10	14/32	6	8
13	9	4	8		16	8	3	5	36	5
	6	5	1	14	5	11	1	3	5	2
	27/7	9	7	8	3	20/26	6	7	4	3
4	1	3	17/24	6	2	9	15/24	8	7	
18	4	6	8		30	6	7	9	8	9
19	2	8	9		15	7	8	17	9	8
	9	2	7		13	4	9	4	3	1

Solution Puzzle 91

				4	10			8	16	
			3/16	1	2	11		13/28	6	7
	29	20/45	7	3	8	2	18/28	7	2	9
24	8	7	9	14	24/18	8	7	9		
15	9	6	22	6	3	1	8	4	45	
9	7	2	17	8	9	24/10	9	8	7	3
14	5	9	21	9/8	2	3	4	3/13	2	1
	22	1	8	2	4	7	12/10	7	3	2
	13/6	3	4	6	5	9/11	3	1	5	
21	4	8	9	27/24	4	3	7	5	8	11
7	2	5	12/10	6	1	5	16	4	1	3
	16	4	3	9	9/17	2	7	6	4	2
		28	4	8	6	1	9	14/14	9	5
	13	7/14	2	1	4	17	12/9	5	6	1
18	9	8	1	28	7	8	4	9		
10	4	6			14	9	5			

Solution Puzzle 92

	9	44			11	17		23	11	
16	7	9		6	16/9	7	9	16	7	9
9	2	7	24/8	5	7	4	8	3/17	1	2
	16	8	5	1	2	5	13/11	9	4	14
	8/27	5	3	5	27/11	1	9	8	3	6
14	8	6	10/12	1	3	4	2	10/6	2	8
23	6	2	3	4	8	3	7/13	1	6	
16	4	3	9	8	15/13	2	8	5	39	27
13	9	4	12/15	2	4	1	5	9/10	2	7
	23/25	8	6	9	11	22/9	9	5	8	
	11/9	4	7	16	16/12	2	6	1	4	3
13	4	9	23/16	7	4	9	3	12/4	3	9
31	5	2	7	9	8	9	11/10	3	8	
	15/11	6	9	7	17/16	5	2	1	9	11
3	2	1	21	2	7	4	8	3	1	2
12	9	3	14	5	9		16	7	9	

Solution Puzzle 93

			40	28				10	45	
	14\16	5	9	12	23	7	1	6		
	31\7	4	7	8	9	3	16	7	9	
25	5	2	8	6	3	1	6\12	2	4	3
11	2	3	1	5	12	4	8	5\12	3	2
	16	7	9	3	26\4	6	4	8	7	1
	12\45	6	1	3	2	5	4	1	4	
	17\13	3	4	2	1	7		8	5	3
6	5	1			37	14	17	3\35	2	1
15	8	7	16	35	6	5	9	7	8	
	17\3	8	9	29\15	7	9	8	5	29	
24	2	4	7	6	5		6\29	1	5	4
3	1	2	17\18	9	8	22\7	9	4	8	1
	8	5	3	26	2	1	5	6	9	3
	13	6	7	33	9	6	8	3	7	
	17	9	8			16	7	9		

Solution Puzzle 94

			19	4	37		17	3		
		19	7	3	9	11	9	2	34	12
		10\26	2	1	7	21\16	8	1	9	3
	5	4	1	10\16	3	7	28	5	4	1
	39	8	5	7	4	9	6	14\24	8	6
	24\12	5	4	9	6	22\16	9	4	7	2
4	3	1		35	8	7	5	9	6	
3	1	2	19		23	9	8	6	33	19
17	8	6	3	13	5		22	5	9	8
	9\33	5	1	3	33		16	7	9	
	26\13	8	9	4	2	3	12	3\35	1	2
11	1	5	2	3	28\6	5	9	8	6	
9	5	4	24	5	1	7	3	6	2	
13	4	9	13	14\17	5	9	17\15	9	8	
24	3	7	6	8	12	1	6	5		
	16	7	9	24	8	9	7			

Solution Puzzle 95

			30	12			6	44	
		16\6	7	9	14	11	2	9	
	11\23	1	2	3	5	7\10	3	4	
	15\7	1	5	9	11\24	2	3	1	5	15
7	2	5	29	8	9	7	5	15\10	7	8
14	5	9	11\8	4	7	16\21	2	4	3	7
	15	8	7	17\19	8	9	14\16	6	8	11
	4	4\37	1	3	15\21	7	8	6	2	4
10	3	7	27	7	9	5	6	13\10	6	7
6	1	5	14\16	9	5	8\9	2	6	21	
	9\10	2	7	10\19	7	3	9\34	4	5	3
28	8	6	9	5	13\8	4	9	4	3	1
5	2	3	21\9	8	4	2	7	6\15	4	2
	20	9	4	6	1	23\10	8	6	9	
	6	4	2	18	3	2	4	9		
	4	1	3		14	8	6			

Solution Puzzle 96

	19	45				16	13	16	
3	2	1		26	22\23	9	7	6	
11	8	3		27	2	8	7	6	4	12
16	9	7	20	15	9	6		8	3	5
	3\28	2	1	16\17	7	9		9\11	2	7
33	5	4	7	9	8		6\15	5	1	
28	6	5	9	8	8	9\22	3	6	45	16
10	1	6	3	16\12	2	9	5	6	4	2
17	9	8	29	9	5	8	7	3\21	2	1
16	7	9	8\9	2	1	5	12\4	4	5	3
	4\19	3	1		14\16	3	1	6	4	
	7\17	1	6	27\21	3	1	9	8	6	
11	8	3		5	4	1	16	7	9	24
16	9	7	10	13\9	8	5		16	7	9
	22	2	3	1	9	7		11	3	8
	21	6	7	8				8	1	7

Solution Puzzle 97

	9	36		17	18			28	8
8▶	7	1	12/14	9	3			4▶3	1
25▶	2	5	9	8	1	16		14▶9	5
7/31	2	5	6▶5	1		7/22	5	2	
12▶	5	7	14▶16/9	9	7	8/14	1	7	
11▶	2	3	5	1	25▶8	6	6	7	4
28▶	7	4	9	8	21▶16/9	7	9		
17▶	9	8		16▶8	2	1	5	36	16
14▶	8	6	27▶15/13	9	6		6▶4	2	
		12▶5	2	4	1	3▶12/7	8	4	
	16/33	9	7	12▶	20▶2	5	7	6	
25▶	8	6	4	7	11/29	1	2	5	3
12/13	5	7	10▶1	9		3/9	2	1	
14▶	5	9		9▶4	5	13/7	7	6	16
9▶	2	7			23▶8	1	2	3	9
10▶	6	4			13▶7	6	8▶1	7	

Solution Puzzle 98

		9	23			14	5	37	
	15/25	7	8		9▶6	1	2	30	
9/23	1	2	6	17▶23/20	8	4	5	6	
17▶	8	9	21/22	9	8	4		17▶8	9
16▶	6	8	2	15▶9	6	15	14▶6	8	
24▶	9	7	8	7▶14▶8	6	16/17	9	7	
6▶	14/16	9	5	26/13	2	8	9	7	
26▶	4	9	3	2	8	9/10	1	8	13 8
9▶	2	7	5▶6/21	5	1	8▶8/11	5	3	
	13/29	4	9	32/16	9	7	3	8	5
11/12	3	1	5	2	3▶1	2	15	9	
6▶	5	1	10▶7	3	10▶8	5	1	2	
12▶	4	8		6▶5	1	7/17	1	2	4
5▶	1	4	17▶23/14	6	9	8	10/5	7	3
22▶	2	6	9	5		15▶6	4	5	
	24▶7	8	9		4▶3	1			

Solution Puzzle 99

		43	26			5	16		22	11
4/13	1	3	9	9▶2	7	6/14	2	4		
30▶	9	7	6	8	29▶3	9	6	4	7	
17▶	4	5	7	1	32▶5	11▶8	3	20		
	5▶4	1	6▶4	2		11▶5	6			
15/3	6	9	4/5	1	3	10▶6/12	1	5		
10▶	2	8	4	1	3	29/25	8	5	7	9
4▶	1	3	26/23	4	9	5	2	6	36	
	15▶9	6	13/5	7	6	3/6	1	2	9	
	11▶25/26	9	3	8	1	4	4▶1	3		
18▶	3	5	8	2	5/16	3	2	11/16	5	6
3▶	2	1		9▶7	2	4▶1	3			
10▶	6	4	8	17▶9	8	6/16	2	4	12	
9/16	8	1	3▶	10▶	21▶7	3	6	5		
32▶	9	6	7	2	8	30▶9	6	8	7	
9▶	7	2	3▶1	2		11▶4	7			

Solution Puzzle 100

	16	31		17	11			10	45
14▶	9	5	13▶9	4		11▶3	8	19	
13▶	7	6	10/19	8	2	14▶24/16	7	9	8
13/15	7	6	13▶5	2	6	6▶4	2		
19▶	7	4	8	19▶4	3	1	16/10	7	9
28▶	8	9	5	6	21/11	5	9	1	6
	9	45	11▶5	2	4	3▶2	1		
7▶	3	4	14▶8	6	19▶12▶7	5	4		
14▶	6	8	15	12▶3	9	10▶4	3	1	
	17▶9	8	13/22	7	6	5▶2	3		
	13▶7	6	13/21	9	3	1	9▶16▶7		
11/23	3	1	5	2	18▶3	6	4	5	
11▶	9	2	17▶9	8	21▶6		1	3	2
14▶	8	6	19/13	7	3	9	8/11	2	6 8
20▶	6	5	9		8▶5	3	6▶1	5	
	5▶1	4		15▶7	8	5▶2	3		

Solution Puzzle 101

		28	13						11	6
	3	16\30	9	7	23			4	3	1
20	1	3	8	6	2	4		12\10	7	5
13	2	5	6	10	7	3	6\30	5	1	
6\4	1	5	12\14	5	1	4	2	18	5	
11	3	8	17\28	8	9	21\13	9	3	8	1
20	1	4	9	6	10	3	7	13\27	9	4
	17	9	8	32	24\19	9	8	6	1	
	28\22	6	3	9	1	2	7	26		
28\12	9	5	8	6		8\5	5	3	6	
11	4	7	13\19	9	4	21\10	1	9	7	4
28	8	6	9	5	6\16	2	4	11\28	9	2
	28\24	8	7	9	4	10	6	4	11	
11\14	9	2	8	7	1	18\16	9	2	7	
16	9	7			20	3	7	5	1	4
13	5	8				17	9	8		

Solution Puzzle 102

			21	5				13\8	9	16
	16	10	9\9	8	1	23		13\8	4	9
32	7	1	6	9	4	5	15\8	3	5	7
10	3	2	1	4	8	1	2	5	16	14
11	5	4	2	14\13	8	6	17	9	8	
4	1	3	6	16\19	7	9	10\9	4	6	
	12	14\3	1	7	6	9	11\21	8	3	
17	9	2	5	1	6\3	3	2	1	4	3
4	3	1	17\11	5	2	6	4	4\13	3	1
	12\18	5	6	1	15\13	8	4	1	2	
	14\16	8	6	24\26	8	7	9	26	27	
11	7	4	12\16	7	5	6\14	2	4		
15	9	6	17\14	9	8	19\21	4	9	6	
11	21\13	8	7	6	28\6	4	7	8	9	
22	9	7	6	36	5	4	9	3	7	8
8	2	6		10	2	8				

Solution Puzzle 103

	12	38		22	15		23	40	
16	9	7	12\9	5	7	11	5	6	
4	3	1	21\10	4	9	8	17\16	9	8
	26	4	9	5	8	20\13	7	8	5	27
4\15	3	1	27\31	7	9	1	4	6	
16	7	9	11	11\16	5	6	16	7	9
31	8	6	5	3	9	21	5	1	4
	33	8	6	9	7	3	23	17	9	8
	24	30	21	4	6	2	9	16	32
17	9	8		34	4	7	8	9	6	15
9	7	2		31\16	4	6	7	5	9
5	2	3	25	14\16	9	5	8\11	2	6
30	6	5	3	9	7	21	16\6	9	7
	19	4	8	7	13\5	7	1	2	3	12
	16	7	9	13	2	6	5	4	1	3
	6	1	5	11	3	8		17	8	9

Solution Puzzle 104

	25	44	14			17	4		
11	1	6	4		12	9	3	18	
24	9	8	7	30	13	8	1	4	16
25	8	5	3	9	8	8	13	5	2	3
16	7	9	28\14	8	4	7	9	14	6	8
21\11	2	5	6	3	1	4	6\8	1	5
22	2	3	9	7	1	3	9\15	4	5
16	9	7	9	17	12\12	2	9	1	42
	40	4	2	8	7	1	6	3	9	7
	15\19	1	9	5	9	25	10\14	6	4
13\24	7	6	13	15\6	2	1	5	4	3
14	9	5	31	6	2	1	8	9	5	17
10	8	2	26	7	4	6	9	4\8	1	3
8	7	1	3	11		20	7	1	8	4
8	4	1	3			20	4	7	9	
	10	2	8		6	3	2	1		

Solutions

Solution Puzzle 105

Solution Puzzle 106

Solution Puzzle 107

Solution Puzzle 108

Solution Puzzle 109

		21	38			16	10		38	15
12›	9	3		5›	2	3		4›	1	3
13›	5	8		6\21	5	1	6›	17›	9	8
16›	7	9	27\4	7	9	6	5	11\16	7	4
	11›	4	1	6	37›	15›	1	9	5	
20\10	5	3	8	4	27›	9	7›	2	6	
16›	9	7		7›	6	1	7›	12\3	8	4
3›	1	2	17›	26\4	9	5	3	1	6	2
	15›	33\34	8	3	7	9	4	2	30›	16›
29›	6	3	9	1	8	2		9›	2	7
16›	9	7	12›	9	3	6	13›	13\12	4	9
	16›	9	7	6›	13›	4	1	3	5	
8\23	1	5	2	19›	21\8	4	9	8	9	
12›	8	4	17›	4	3	2	8	4›	3	1
8›	6	2		8›	7	1	3›	1	2	
17›	9	8		14›	9	5	13›	7	6	

Solution Puzzle 110

			3	34		11	23			
	7\14	1	6	16\4	7	9	8›			
	31\16	6	2	7	1	4	8	3	37›	
14›	9	5	11\14	8	3	15›	6	5	4	14›
27›	7	3	8	9		16›	15\26	9	6	
	9\36	5	4	6›	24\11	9	7	3	5	
	8\14	7	1	27\12	5	9	7	2	1	3
14›	9	5	7\27	4	1	2	16\3	9	7	16›
22›	5	3	6	8	4›	18\11	1	8	2	7
	15\23	6	9	7\8	1	4	2	15\13	6	9
25›	8	2	4	1	3	7	6\23	1	5	
25›	6	4	8	7		9›	2	7	21›	8
17›	9	8	5›	18›		13\3	1	5	4	3
	14›	1	4	9	8\13	1	7	14\16	9	5
	38›	1	6	9	2	5	7	8		
	7›	3	4	17›	8	9				

Solution Puzzle 111

		11	45		10	10		19	17
8\12	5	3		7›	3	4	17›	8	9
6›	3	2	1	3\3	1	2	14\7	6	8
15›	9	4	2	20\9	2	6	3	4	5
	12›	8\16	5	2	1	3›	1	2	15› 12
26›	4	9	6	7	12›	10›	8	1	3 4
24›	8	7	9	16\4	7	9		9\45	1 8
	13\13	4	3	5	1	3\17	1	2	
15›	6	8	1	17›	23\12	8	6	9	
9\4	2	7	25›	8	5	9	3	10›	8
4›	3	1	10›	16›	9	7	9\15	4	2 3
7›	1	4	2	14›		29\17	9	7	8 5
	6\8	5	1	23\6	9	6	8	19›	15›
22\10	5	3	4	2	8	23›	9	6	8
4›	3	1	10›	7	3		14›	2	5 7
9›	7	2	3›	2	1		13›	5	8

Solution Puzzle 112

	16	30		12	17				41	23
10›	7	3	14\13	5	9	21›		15›	9	6
36›	9	5	6	7	8	1	14›	16\37	7	9
	15\11	8	7		31›	9	5	3	6	8
7›	5	2		28\14	8	9	6	5		
8›	1	7		10\11	7	3	17›	9	8	8
4›	3	1	4›	1	3		14›	8	4	2
6›	2	4	10\29	6	4		12\22	4	2	6
	4›	9\42	5	4		16\11	9	7	35›	20›
7›	1	4	2		6›	1	5	14›	5	9
19›	3	7	9		12\15	4	8	3›	1	2
	9›	6	3	9\15	3	6		17›	9	8
20\17	5	6	8	1		4\4	3	1		
21›	1	3	4	7	6	10›	11\8	3	8	8
17›	9	8		21›	5	4	3	1	2	6
16›	7	9		11›	6	5	9	7	2	

Solution Puzzle 113

	17	30			8	23		18	32	
12	8	4		8	1	7	9	8	1	
14	9	5	4	16	7	9	11/15	7	4	6
5		2	3	15	23/20	5	9	3	2	4
23/9	3	1	7	4	2	6	10/20	8	2	
12	4	8	15	8	7	6	6	1	5	3
6	5	1	34	14	9	5	9/4	5	3	1
11	7	4	12	23	1	3	8	9	2	
11	11/37	7	4	11	5	1	4	29		
26	2	1	6	8	9	22	3	2	1	12
23	9	6	8	11	2	9	12	11	2	9
11/17	2	9	8	16/28	7	9	8/11	5	3	
16	9	7	24/11	1	8	6	3	2	4	
29	8	4	1	7	9	15	17	9	8	6
	11	8	3	12	5	7		11	6	5
	16	9	7	14	6	8		4	3	1

Solution Puzzle 114

	30	22	15	13			41	8	
29	5	9	7	8	15		6	1	5
29	1	6	8	5	9	25	5/22	2	3
16/14	9	7		20	6	1	5	8	
16	9	7	26		24	9	8	7	11
20	5	6	9	21	5	27/15	7	9	6	5
29	2	4	5	3	7	8	10	9	1
27	23/44	6	7	2	8	7	5/10	3	2
26	6	4	7	9	17	11/14	2	1	5	3
16	9	7	23/24	9	8	4	2	34	
17	8	9	31/8	4	8	6	1	3	9	16
13	4	2	1	6		21	4	8	9
20	6	5	9	12			9/8	2	7
14/16	3	2	5	4	14	6/3	1	5	
15	7	8		30	8	9	2	5	6
14	9	5			12	5	1	2	4

Solution Puzzle 115

	37	33			7	8		30	13
6	2	4		4	1	3	15/3	8	7
8	1	7		18/11	4	5	1	2	6
14	9	5	8/16	6	2	9	2	7	21
28/24	6	8	9	5		27	16/17	9	7
26	6	4	9	7		27/25	7	9	3	8
12	7	5			31/16	7	9	8	1	6
16	9	7		13/13	1	9	3	37	24
5	2	3	26	6	7	5	8	6	1	5
	22	38	7/15	1	2	4		17	9	8
23	5	3	7	2	6		17	5/33	3	2
26	9	5	8	4		29/15	8	7	5	9
15	8	7	8		22/12	8	9	3	2
	14/3	8	6	8/8	1	7	16	9	7
24	1	6	2	7	8		10	6	4
11	2	9	4	1	3		14	8	6

Solution Puzzle 116

	34	7		4	34			31	10
6	5	1	11	3	8	14	13	6	7
15/17	9	6	16	1	9	6	11/9	8	3
16	9	7		16	19/7	4	8	2	5	3
10	8	2	14/31	9	4	1	18	7	9	2
20	3	4	7	1	5	20	4	3	1
17	8	9	10/20	2	7	1	32	5	9
9	16/11	7	9		28	8	9	4	7
11	1	2	5	3		11	5	3	1	2
30	8	9	6	7	32	14/13	6	8	27
5		25	17	1	9	7	15/4	7	8
3	2	1	4	15	4	1	3	5	2	3
6	3	2	1	14/4	8	5	1	8	6	2
11/5	5	3	1	2	6		4/17	3	1
9	1	8	14	3	6	5	9	8	1
13	4	9		4	3	1	16	9	7

Solution Puzzle 117

	13	43		6	28		8	30	
10▸	3	7	4▸	1	3	3/10▸	1	2	
3▸	2	1	33▸	5	7	9	4	8	11
9▸	1	8	4▸	16/19	6	1	3	4	2
16▸	7	9	8/24	3	4	1	8▸	7	1
	19▸	3	6	1	7	2	14▸	17/33	9	8
	14/4	6	8	29▸	8	5	9	7	
12▸	3	5	4		15▸	4	5	6	43	14
7▸	1	4	2	13▸	34		13▸	2	6	5
		7▸	1	4	2	9▸	20▸	8	3	9
	10▸	21/33	3	9	7	2	16/13	9	7	
16▸	7	9	25▸	6	4	9	1	5	20
4▸	1	3	14▸	8/10	1	3	4	7▸	4	3
30▸	2	8	4	7	9	16▸		14▸	8	6
	22▸	6	1	3	5	7		8▸	1	7
	16▸	7	9	13▸	4	9		13▸	9	4

Solution Puzzle 118

	13	32		19	4			28	45	
13▸	5	8	8/4	7	1		14/5	5	9	
21▸	4	5	1	8	3	21▸	4	9	8	
15▸	1	7	3	4		11▸	1	6	4	15
12▸	3	9	12▸		13▸	16	23▸	8	6	9
	8▸	3	5	11/3	4	7	14▸	7/7	1	6
	15▸	34/45	7	2	1	9	6	4	5	
11▸	9	2	7	1	6	18/23	8	3	7	8
7▸	6	1	9▸	3/3	2	1	16▸	9	2	7
	14▸	8	5	1	16/3	9	7	4/16	3	1
	37/14	6	4	2	1	8	9	7	22	
11▸	8	3	16▸	7	2	5	14▸	9	5	25
11▸	6	4	1	4		12▸	13/15	4	9	
	9▸	5	3	1	12/16	1	6	2	3	
	14▸	7	4	3	35▸	7	6	9	8	5
	17▸	9	8		14▸	9	5	11▸	3	8

Solution Puzzle 119

	12	9		10	31			17	12	
11▸	8	3	13▸	4	9		16/12	9	7	
5▸	4	1	11▸	14/7	6	8	17/4	4	8	5
	14▸	5	3	6	6/11	2	1	3	38	6
	13▸	41/44	8	1	9	7	3	5	6	2
4▸	1	3	12▸	7/5	2	5	12/13	8	4	
11▸	5	2	3	1	14▸		17▸	8	9	
28▸	3	7	9	4	5	9▸	8▸	5	3	28
12▸	4	8	3	17▸	9	8	7▸	13/3	4	9
	6▸	4	2		17▸	1	3	2	5	6
	7/10	6	1	24▸	12/16	4	1	2	5	
16▸	7	9	15▸	11/6	2	9	15▸	9/12	1	8
44▸	3	5	9	2	4	7	6	8	21	
	17▸	17/5	5	4	8	21/14	9	4	8	11
11▸	8	2	1	8▸	3	5		7▸	4	3
12▸	9	3		16▸	7	9		17▸	9	8

Solution Puzzle 120

	22	14	16				20	8	
19▸	9	3	7		20▸	9▸	14/15	8	6	
23▸	8	6	9	16▸	4	1	6	3	2	
6▸	5	1	29▸	26/9	7	8	9	2	39	
	20▸	4	5	2	9		10/6	6	4	27
	16/41	9	7	25▸	10/33	2	1	3	4	
	12▸	4	8	21/13	9	8	4	17▸	9	8
	18/14	2	7	5	1	3	16▸	13▸	7	6
13▸	6	7	28▸	8	4	9	7	15/27	6	9
14▸	5	9		32/11	8	6	9	7	2	
8▸	2	6	18/26	8	3	7	17/4	9	8	
11▸	1	5	2	3		7/8	1	6	12	
	17▸	8	9	12▸	11/11	1	3	5	2	17
	10/12	1	4	2	3		4/17	1	3	
	34▸	7	6	8	9	4	21▸	9	4	8
	13▸	5	8			19▸	8	5	6	

Solution Puzzle 121

		18	9				17	9	
16\4	9	7		16	12\31	9	3		
9	3	4	2	28\20	9	6	8	5	43	39
3	1	2	13\13	2	7	4	17\17	1	7	9
11	3	7	1	13	5	8	15	8	7
43	13\36	6	7	16\12	7	9	9	4	5
6	5	1	16\3	4	3	9		4	3	1
32	8	7	2	6	9		3\16	1	2
7	4	2	1		8	17\22	7	6	4
11	6	5		32\19	3	7	9	5	8
7	3	4		16\13	2	5	9	12\4	9	3
4	1	3	5	4	1	4	3	1	29
17	9	8	16\23	9	7	13\9	2	3	8	10
22	7	6	9	7\5	4	2	1	11\17	9	2
		23	8	3	5	7	24	9	7	8
		8	6	2			13	8	5

Solution Puzzle 122

		17	29					8	37	
16	9	7	16	14			4	3	1
26	8	5	7	6		6	7\11	5	2	16
23\14	6	9	8	12	5	7	10	3	7
7	6	1	16	34	4\17	1	3	15\15	6	9
18	8	2	1	4	3	15\3	1	9	5	8
27	8	4	7	6	2	13\24	6	4	3
22\36	5	6	8	1	2	12\29	7	5
23\12	8	6	9	3	23\11	6	8	9
6	4	2	29\14	8	2	7	3	9	27
21	8	4	9	18\10	1	3	5	7	2	3
8\7	1	5	2	20\8	1	8	5	4	2
7	2	5	13	7	6		7	4\14	3	1
12	5	7	3\13	1	2	8	2	5	1	13
10	6	4			29	5	9	8	7
12	3	9					15	9	6

Solution Puzzle 123

		26	20		6	17		19	27	
16	9	7	14\12	5	9	9\13	1	8
38	6	9	3	1	8	5	2	4
21\25	8	4	9		16\22	1	9	6
12\4	9	3	11	12	25	6	3	7	9
11	3	8	6	2	4	12\15	8	4	13	9
8	1	7	25\8	9	8	7	1	16\14	9	7
5	1	4	33	20	8	5	1	4	2
7	4\12	1	3	8	9	2	7	14
27	6	8	3	9	1	14	11\13	6	5	3
5	1	4	25\25	8	7	6	4	4	3	1
23	10\26	4	6	17	8	9	6\13	4	2
29	8	5	9	7		16	3\9	1	2
18	5	6	7	12	10\9	7	1	2
42	1	8	5	4	2	9	6	7
16	9	7	15	8	7	5	2	3

Solution Puzzle 124

			6	20			24	16	
8\39	1	7	8	17	8	9
27\13	6	5	9	7	10\8	3	7	11	26
16	7	9	15\13	4	1	3	7	4\8	1	3
20	6	5	9	17	25\10	5	6	2	3	9
18\14	3	4	9	2	11	19\12	6	5	8
16	9	7	30	8	7	6	9	8\13	2	6
6	5	1	9	15	1	5	3	6	28
15	8	7	14	6	19	8	7	1	11
11	13\26	2	6	1	4	10	15	6	9
4	1	3	22\16	8	5	6	3	7\4	5	2
21	5	9	7	16	23\17	9	7	3	4	9
33	3	6	9	7	8	4	12\23	1	3	8
10	2	8	19\16	3	9	1	6	3\7	2	1
9	7	2	21	3	9	2	7
13	9	4		13	8	5

Solution Puzzle 125

	8	37			12	33		32	15
15▶	7	8	17		16▶	9	7	16▶9	7
12▶	1	3	8	16	9▶	3	6	9/7 3	6
22/20	6	9	7	21	12▶	3	1	6	2
16▶	7	9	15▶9	6	17/6	9	6	2	17
5▶	3	2	12	17▶7	2	8	9	1	8
20▶	9	5	6	12/12 8	4		16/17	7	9
16▶	1	4	3	8		10/8	6	4	
	5/33	1	4		4▶	3	1	32	27
3/16	1	2		10▶	12/23 5	2	1	4	
17▶	9	8		13/27 7	6	21▶	8	4	9
10▶	7	3	20/5	8	3	9	4	15▶9	6
7/19	2	4	1	9▶	8	1	14/17	6	8
12▶	2	4	1	5	8	19▶	3	9	7	6
15▶	9	6	15▶9	6		13▶	8	3	2
17▶	8	9	6▶	4	2		6▶	2	4

Solution Puzzle 126

				13	23	7	16		
		24	31	28	6▶8	5	9	6	16
	16/7	7	9	29/13	4	6	2	7	1	9
38▶	6	8	5	7	3	9		12▶5	7
19▶	1	9	4	5		7	22	18	3	6
	7/23	6	1	15/5	4	3	5	1	2
	16/4	9	7	24/28	1	3	6	8	2	4
7▶	1	6	13/27	9	4	4▶	1	3	10	12
27▶	3	8	9	7		23/10	7	2	5	9
17▶	15/14	7	8	8/3	3	5	4/20	1	3
29▶	8	6	5	1	2	7	5/24	1	4
27▶	9	8	6	3	1	15▶8	7	10	17
	17▶	13		20▶	21/10	9	3	1	8
16▶	9	7	14	37/17	8	2	7	5	6	9
36▶	8	6	5	9	7	1	7▶4	3	
		29▶9	8	5	7				

Solution Puzzle 127

	14	4			4	21		16	7
7▶	6	1	14	10/39	1	9	14/11	9	5
17▶	8	3	6	33/6	4	3	8	9	7	2
	14	15/45	8	5	2	6▶	4	2	45	24
9▶	1	8	8/14	1	7	12▶	8	1	7
19▶	4	6	9	8▶	3	5	11▶	3	8
8▶	2	1	5	13/16	6	7	16/17	7	9
16▶	7	9	17/10	9	8	42	13/12	9	4
	44▶	4	6	7	9	3	5	8	2	17
	6/24	2	4		13/8	6	7	12/9	8	4
13▶	8	5		12▶7	5	8	2	5	1
16▶	9	7		9▶	1	8	18/15	7	6	5
10▶	7	3	11	15▶	10▶4	6	16/6	9	7
	16	13/14	7	6	18/7	7	9	2	14	6
39▶	7	6	4	8	5	9	17▶4	8	5
17▶	9	8	3	1	2		7▶	6	1

Solution Puzzle 128

	15	9		5	17			29	15
9▶	7	2	7/20	3	4	12	18	15▶8	7
41▶	8	6	9	2	7	4	5	6▶4	2
	4▶	1	3	23/7	6	8	9	9/9	3	6
10▶	14/11	8	6	6▶	18▶4	8	6	17
9▶	7	2	3▶	1	2	19	12▶1	2	9
7▶	3	4	13	6▶	4	2	9	9/7	1	8
	13▶	5	8	14	26/6	9	8	4	5	
	23/34	4	5	3	8	1	2	22	
	16/14	4	1	9	2	10▶	10▶1	9	12
7▶	5	2	8	5▶	1	4	12	9▶6	3
21▶	9	7	5	21▶	9▶	6	3	16/13	7	9
	20/12	8	3	9	17	17/13	9	8	19	
6▶	5	1	15▶5	9	1	4/10	1	3	7
4▶	1	3	36▶7	8	5	1	4	9	2
15▶	6	9		16▶7	9	12▶7	5		

Solution Puzzle 129

```
        14  30   _    _    _   37   9    _   21  12
16 ▸ 9   7 |16  11   3 ▸ 2   1     |13▸ 4   9
14 ▸ 5   4   3   2 |17/21 ▸ 9   8   | 5/9 ▸ 2   3
       29▸ 5   4   9   8   3 |14/27 ▸ 8   6
17/3 ▸ 8   9 |30▸ 9   7   8   1   5 |13
 4 ▸ 1   3     |18▸ 4   5   9     |11▸ 3   8
 3 ▸ 2   1 | 4  22   7 ▸ 4   3     | 6 ▸ 1   5
12 ▸ 2   3   7 | 3/44 ▸ 1   2   7
       25▸ 1   5   7 ▸ 6   4   2 |28
       10  34   5 ▸ 2   3   8 ▸ 1   5   2   3
13 ▸ 4   9   3 ▸ 1   2  18       | 3 ▸ 1   2
14 ▸ 6   8 |12/15 ▸ 4   5   3 | 4/15 ▸ 3   1
       33▸ 6   7   3   8   9 | 5/3 ▸ 1   4
 9/5 ▸ 1   8 |31/5 ▸ 9   6   1   8   7   9
 4 ▸ 1   3 |10▸ 4   6 |14▸ 2   6   5   1
11 ▸ 4   7 | 5 ▸ 1   4       |14▸ 6   8
```

Solution Puzzle 130

```
        _    _    6   10  11  12   _   34  23
 8 |11/8 ▸ 1   2   5   3       |17▸ 8   9
39 ▸ 7   4   5   8   6   9 |35|14/40 ▸ 6   8
 4 ▸ 1   3   8     |16/7 ▸ 5   1   4   6
 4 ▸ 1   3   7 |19▸ 2   6   4   7
16 | 8/25 ▸ 5   3 |27/16 ▸ 5   7   6   9
17 ▸ 9   8 | 7/37 ▸ 4   3 |15/20 ▸ 8   7  26
21 ▸ 7   5   9 |31▸ 7   4   9   5   6
17 ▸ 9   8 | 4/35 ▸ 1   3 |12▸ 9   3   8
31 ▸ 3   6   9   5   8 |24/13 ▸ 8   9   7
 6/25 ▸ 1   5 |12/16 ▸ 5   7 | 9/9 ▸ 8   1
22 ▸ 2   4   7   9   7 ▸ 6   1   9
16/11 ▸ 1   2   6   7     |12▸ 8   4   6
21 ▸ 1   5   7   8  13  12   7 | 8/15 ▸ 3   5
10 ▸ 2   8     |22▸ 4   5   3   7   2   1
17 ▸ 8   9     |28▸ 9   7   4   8
```

Solution Puzzle 131

```
        _    _   13  12  41   _   21   7
 8 |21/23 ▸ 6   7   8 |16  14 ▸ 8   6
39 ▸ 4   8   7   5   6   9 | 4/18 ▸ 3   1
 9 ▸ 3   6 |24/13 ▸ 5   7   8   4
10 ▸ 1   9 | 5/14 ▸ 4   1 |15/10 ▸ 9   6 |22   7
      28/35 ▸ 5   9   7   6   1 | 4/13 ▸ 1   3
13/11 ▸ 4   9 | 6/6 ▸ 2   4 |17▸ 8   5   4
13 ▸ 8   5 |11▸ 2   9 |40| 7/8 ▸ 5   2   4
10 ▸ 3   7 |13/8 ▸ 4   3   1   5 | 8 ▸ 7   1
14/4 ▸ 8   6 |10/10 ▸ 7   3 | 7/4 ▸ 4   3
14 ▸ 3   9   2 | 4/22 ▸ 1   3 | 4/10 ▸ 1   3
 3 ▸ 1   2 |21/30 ▸ 6   9   2   1   3 | 9  23
      16▸ 7   9 |15/11 ▸ 6   9   7 ▸ 1   6
      27/6 ▸ 6   7   5   9   3 |11/6 ▸ 3   8
11 ▸ 2   9 |34▸ 6   8   2   4   5   9
12 ▸ 4   8     | 7 ▸ 4   1   2
```

Solution Puzzle 132

```
        _    _    6   30   _    _   32  23
 3 ▸ 1   2     | 7  45  14 ▸ 8   6
12 ▸ 3   9 |10/3 ▸ 2   8 |16▸ 7   9
17 ▸ 2   7   1   4   3 |13/16 ▸ 5   8
 4 |29/39 ▸ 8   2   1   9   5   4 |37
 7 ▸ 1   2   4 |17|30/45 ▸ 7   8   6   9 |11
12 ▸ 3   9 |35/6 ▸ 8   7   1   3   2   5   9
29 ▸ 7   5   9   6   2     | 3/15 ▸ 1   2
 4/12 ▸ 3   1 |14▸ 8   6 |16/3 ▸ 9   7
13 ▸ 5   8 |26|25/15 ▸ 9   5   2   6   3 | 4
40 ▸ 7   6   9   8   5   4   1 |11/25 ▸ 8   3
13 ▸ 4   2   6   1   9 | 8/4 ▸ 3   4   1
      24/9 ▸ 7   1   2   6   3   5 |12
 3 ▸ 2   1 |22▸ 4   2   1   7   8
 4 ▸ 1   3 | 4 ▸ 3   1 | 4 ▸ 1   3
10 ▸ 6   4     |10▸ 9   1
```

Solution Puzzle 133

	3	33		8	5				28	23
3	1	2	4/14	3	1			17	9	8
27	2	7	9	5	4	11	4	15	6	9
4	3	1		4	3	1	9/27	3	6	
12/15	8	4	34	17/17	8	3	4	2		
12	8	4	16/9	7	9		14/27	6	8	
33	7	9	6	3	8	13/8	4	9	4	15
9	12/13	3	9	28/6	1	7	8	3	9	
5	1	4	21/19	8	1	7	5	7/7	1	6
32	8	9	4	6	5	14/14	8	6	22	7
	8/32	7	1	20	8	2	1	4	5	
10	8	2	9	7/14	6	1	3/22	1	2	
20/23	3	6	2	9		16	9	7		
17	8	9	12	7	5	14	11/7	8	3	4
16	9	7			25	9	6	5	2	3
11	6	5			6	5	1	6	5	1

Solution Puzzle 134

	40	3			9	6		23	13
4/5	3	1		11/5	6	5	7/29	1	6
10	1	7	2	22/13	2	3	1	5	4	7
13	4	9	11/15	8	3		13/12	8	5
20	8	7	5	13	20/9	8	9	3	5
12/10	4	8	26	9	3	4	7	2	1
3	2	1		5	4	1	9	12/14	8	4
14	8	6	11	3	18	5	7	6	37
11	2	8	1	11	11	2	8	1	10
9	6/34	3	2	1	3		6	4	2
4	1	3	14	6/7	4	2		11/13	3	8
26	8	4	2	5	6	1	15/12	6	9
17	7	8	2		20/11	8	7	5	13
7/8	6	1	12	13/15	9	4	6/12	2	4
21	1	5	3	4	6	2	23	8	6	9
16	7	9	17	8	9		11	4	7

Solution Puzzle 135

	45	30		16	8			21	10
14/16	8	6	15/17	9	6	25	4	3	1
37	9	1	4	6	7	2	8	14/3	5	9
17	7	5	3	2		9	3	2	4	7
19	2	8	9		20/22	6	1	8	5
16/6	7	9		14/12	9	5	3/8	1	2
4	1	3		11	3	5	1	2	45
8	2	6	32	9	8	2	6	7	21
12	3	9	13	37	20	10		16	9	7
19	4	5	3	6	1		14	5	9
9	29/29	8	7	5	9		6/30	1	5
14	5	9	17/16	8	9		17/24	9	8
20	4	1	9	6		22	9	7	6	14
21/6	5	7	9	16	19/17	7	1	3	8
13	5	8	41	4	7	9	8	5	2	6
7	1	6		17	9	8	12	8	4

Solution Puzzle 136

	9	3		20	32		34	14
3/15	2	1	12	16	7	9	10/7	1	9
20	9	6	2	3	20/3	8	2	1	4	5
7	6	1	23/6	1	2	5	8	4	3
11/22	2	8	1	16/5	6	2	8	4
9/10	5	4		8/11	1	7	10	7	3
11	3	8		13/11	9	4	3/10	2	1
16	7	9	9/11	7	2		10/14	1	9
11/28	7	4		14/8	5	9	15	10
11/14	7	4	10/15	1	9	17	8	9
9	5	4	16/24	9	7		4/10	3	1
15	9	6	10/17	4	6	12	13/9	9	4
10	1	7	2	7/24	4	2	1	21	4
29/17	2	4	5	7	8	3	8/16	7	1
35	8	5	6	7	9	20	4	7	6	3
12	9	3	14	6	8		17	9	8

Solution Puzzle 137

		35	9			6	14			
13/7	5	8		13/16	4	9		38	16	
6	2	3	1	8/8	1	2	5	10/14	3	7
8	1	7	3	1	2		21/16	4	8	9
12	4	8	11/21	5	6	17	9	2	6	
	13	6	1	2	4	24/16	7	8	9	5
	6	4	2	8	3	5	4	6/26	5	1
	10	2	8	4	20/21	3	1	5	7	4
	6	34/38	6	1	7	8	3	9	38	
23	1	9	4	3	6	32	15	8	7	
12	5	7	22	14/14	8	6	3/16	1	2	
	21	5	7	9	17	8	1	3	5	7
	14/10	3	6	5	16	9	7	10	9	1
16	1	6	9	9	10/17	2	8	3/13	1	2
17	9	8	17	2	8	7	21	9	8	4
		16	7	9		10	4	6		

Solution Puzzle 138

	11	17			7	11		45	17	
13	5	8	11		7/17	3	4	16/14	7	9
23	6	9	8	34/17	1	4	7	5	9	8
17	14/16	3	9	2	13	15	9	6	10	
16	9	7	19/11	8	5	6		12	5	7
21	8	9	4	16/13	9	7	9	4/3	1	3
	12/45	5	7		13/8	3	2	8	14	
9/14	1	2	6	23/5	5	6	1	3	8	
8	5	3	10	7/15	4	3	11	10/23	4	6
22	9	4	2	6	1	14	4	8	2	
23/12	6	8	9	3	16/27	7	9	14	4	
13	5	8		10	1	9	15/15	6	8	1
16	7	9	12	15	2	5	8	9/14	6	3
13/4	5	8	4	18/13	6	7	5	10	7	
23	3	2	4	1	6	7	23	9	8	6
8	1	7	10	3	7			3	2	1

Solution Puzzle 139

	22	11		14	8		23	6		
12	9	3	6/15	5	1	13	9	4		
33	8	5	4	9	7	8/7	6	2	14	16
8	5	2	1		12/14	4	8	15	8	7
4	1	3	9/18	6	3	20	13/21	4	9	
9	13/16	7	5	1	10	7	1	2		
4	1	3	16/31	9	7	14/8	9	5		
26	5	9	8	4	7/13	1	4	2	17	19
13	3	4	6	12/23	5	7	22/6	6	7	9
24	7	9	8	25/23	1	7	9	8		
17/22	9	8	11	8	3	3/27	1	2		
14/7	7	1	6	17/11	6	2	9	26		
14	5	9	12/9	3	9	17	8	9	23	
8	2	6	12/8	4	8	12	22/4	7	6	9
9	7	2	21	7	1	3	4	6		
4	1	3	8	5	3	15	7	8		

Solution Puzzle 140

	40	10		38	15		36	8	
6/13	4	2	4	11	8	3	6	4	2
22	9	6	4	3	9	4	5	14/9	8	6
10	4	2	3	1	13/7	1	7	2	3
4/6	3	1	4	1	3	12	7	5	12
9	1	8	20	11	6	5	29	15	7	8
22	5	9	8	22	11	2	9	13	9	4
15	7	5	3	16/44	9	7	8	41	
42	1	7	2	4	6	8	5	9	
5	30	16	9	7	8	5	1	2	11
4	3	1	13	8	5	5	17	2	6	9
8	2	6	10	4	3	1		3/24	1	2
17	9	8	10/21	6	4	16/17	9	7	4
24/4	7	2	6	9	16	8	4	3	1
8	3	5	10	8	2	23	9	6	5	3
3	1	2	15	7	8		13	5	8

Solution Puzzle 141

			20	6			21	29		
	6\37	5	1			17	9	8		
	20	6	9	5	8	21	6\11	5	1	23
7\17	1	6	34\8	3	9	5	7	4	6	
17	8	9	18	6	4	7	1	17	9	8
7	4	3	11\6	2	1	5	3	16\5	7	9
16	5	7	4	3	9	3	2	1	37	10
11\12	5	2	1	3	4	20\14	4	7	9	
6	4	2	18\12	2	6	1	9	3\7	2	1
17	8	4	5	28	14	3	5	2	4	10
	23	16\24	7	9	17	8	10\9	5	1	4
16	9	7	28	8	9	4	7	6	5	1
8	6	2	15\8	5	7	1	2	11\20	6	5
24	8	4	2	6	1	3	14\14	5	9	
	13	8	5			16	5	8	3	
	4	3	1			16	9	7		

Solution Puzzle 142

	16	33		13	16				39	42
9	7	2	12	5	7	8		4	3	1
16	9	7	17\8	1	9	7	10	6	2	4
	19	9	3	7	4	1	3	11\8	4	7
	13\6	8	5			28	4	7	8	9
4	1	3			9	17\6	2	1	9	5
9	5	4	6	6\11	3	2	1	15	7	8
36	15\44	2	3	6	4	14	3\10	1	2	
24	5	7	4	8	5	27\11	9	7	5	6
16	7	9	11\23	1	2	5	3	27	15	
3	1	2	18\7	5	4	9		10	3	7
16	6	5	2	3			15\15	7	8	
28	8	6	5	9	13		7\20	6	1	
7	4	3	10	6	4	22\7	7	9	6	6
11	3	8		23	9	6	8	10	8	2
6	2	4			6	1	5	6	2	4

Solution Puzzle 143

	16	29		24	3			16	36	
13	9	4	4	3	1	12	13\4	7	6	
10	7	3	31\15	6	2	7	3	9	4	16
	21	8	6	7	6\13	5	1	8\9	1	7
	24\3	2	9	8	5	14	22	5	8	9
6	1	5		13	8	5	13\18	4	9	14
3	2	1	3		7	2	5	14	5	9
	8	6	2	8	9\21	3	6	8\7	3	5
	7	23\36	1	2	6	4	7	3	32	
14	6	8	4	1	3		13	4	9	12
4	1	3	13\6	5	8	7		17	8	9
5\6	1	4	9	4	5	20	4\6	1	3	
14	5	7	2	13	11\5	2	5	1	3	
10	1	9	9\5	5	4	18\4	9	5	4	12
	24	6	4	8	1	3	2	6	2	4
	3	2	1		5	1	4	13	5	8

Solution Puzzle 144

	5	29			24	10			44	3
4	1	3	17	17	8	9	6	3	2	1
14	4	2	8	7\9	2	1	4	11\23	9	2
	17\4	1	9	2	5	11	2	5	4	
11	3	8	16\14	7	9		8	3	5	28
14	1	9	4			22\14	9	6	7	
	9	6	3	24		14\13	1	6	3	4
	12	16\38	7	9	10\4	8	2	17	8	9
5	1	4	15	6	1	5	3	15\14	7	8
3	2	1	5\27	2	3	10	8	2	36	
26	6	8	5	7			16	9	7	9
14	3	5	6			26	10\8	3	5	2
	16	9	7	10	14	8	6	16\14	9	7
	19\14	3	9	7	17\5	7	2	5	3	15
7	5	2	6	3	1	2	19	9	4	6
15	9	6		13	4	9		17	8	9

Solution Puzzle 145

		15	17						13	6
11▸	3	8			3	10	4/20	3	1	
16/7	7	9		27/3	2	7	9	4	5	
5▸	4	1	35	15/11	2	1	3	4	5	
15▸	3	4	5	2	1	8	8/32	7	1	
	16/31	7	9	16/17	7	9		33	23	
16/17	7	9	17/15	9	1	7	16/31	7	9	
25▸	6	5	4	2	8	11	3	2	5	1
22▸	3	6	8	5		22/4	5	3	8	6
10▸	1	4	2	3	26/16	1	8	6	4	7
16▸	7	9	16	4	9	3	16/7	7	9	
		26	8/16	1	7	15/16	6	9	24	12
	4	3	1	10	29/9	7	1	4	9	8
	30/5	8	7	4	2	9		11/16	7	4
33▸	3	9	8	6	7		9	7	2	
8▸	2	6					15	9	6	

Solution Puzzle 146

		41	14	18				23	39	6
23▸	8	6	9			22/16	8	9	5	
8▸	4	3	1	9	21/28	7	9	4	1	
41/12	7	5	8	2	1	9	6	3	30	
6▸	4	2	16	7	9	25	14/13	6	8	
14▸	8	6	3	34	4	8	9	7	6	
7▸	5	2	24	5	6	4	2	7		
10▸	9	1	28	15/31	6	9	17	8	9	
12▸	28	10	4	1	3	2	5	37		
3▸	2	1	17/10	8	9	9	3	6		
21▸	4	5	2	7	3	11	2	9	16	
35▸	5	7	8	9	6	6	17	8	9	
4▸	1	3	21	13/12	8	5	23	11/10	4	7
37/6	6	7	5	4	1	9	3	2		
24▸	5	4	8	7		10	6	1	3	
9▸	1	2	6			19	8	6	5	

Solution Puzzle 147

	45	25		10	29		17	28	
17▸	8	9	14/22	9	5	16/15	9	7	
38▸	4	2	5	1	9	6	8	3	7
22▸	5	8	9	17/25	8	9	7	6	1
26/26	2	6	8	9	1	7	12	8	4
6▸	5	1	13/5	5	6	2	6/11	4	2
15▸	9	6	12	4	8	14	5	9	45
17▸	8	9	4	1	3	8	2	6	27
7▸	4	3	15	25	8	10	3	7	
16▸	7	9	11	14	8	6	17	9	8
13▸	9/20	6	3	3/26	1	2	14	5	9
14▸	9	5	17	8	2	7	19	4/12	1	3
3▸	1	2	33/4	6	9	7	3	8	
4▸	3	1	4/8	1	3	18/14	8	6	4
	40	8	6	3	7	9	4	1	2
	6	4	2	13	8	5	9	2	7

Solution Puzzle 148

	10	28		15	26		18	6
16▸	9	7	16	12	7	5	3/13	1	2
11▸	1	3	7	17	8	9	16/8	5	7	4
14/4	5	9	20/7	4	5	8	3	5	
12▸	3	9	14	15/13	4	8	3	3	2	1
15▸	1	4	5	2	3	16	9/7	5	4
	17	16/8	9	7	21	14/11	9	5	17
11▸	9	2	22	4	5	3	7	2	1	8
9▸	8	1	5	15/14	9	6	10	11	9	2
	24	5	1	6	7	2	3	13/4	7	6
	16	12/31	4	8	5/10	2	3	24	11
10▸	7	3	7	15/13	2	5	1	3	4
17▸	9	8	18/6	6	4	8	16/16	9	7
16/6	9	4	1	2	12	10	9	1	6
8▸	1	5	2	14	6	8	12	7	4	1
11▸	5	6		5	1	4	12	7	5

Solution Puzzle 149

	21	38			27	19		24	12
12	7	5		14	15/24	7	8	4 / 1	3
7	6	1	27	5	7	9	6	16/15	7	9
14	8	6	38/6	9	8	3	5	7	6	
	9	8	1	17/6	9	8	10	8	2	13
10/8	4	5	1	27		9	12/9	3	9
4	1	3	13	5	8	13/10	1	3	5	4
16	7	9	12	18	7	1	8	2	43
	6	2	4	12/13	9	3	12	4	8	9
	4	22/25	6	9	3	4	10	4	1	3
14	3	5	2	4	5	2	3	15/5	9	6
3	1	2	10		22	17/21	7	4	6
	4	1	3	7/23	2	5	4/5	1	3	19
37/3	8	7	6	4	9	3	16	7	9
8	2	6	26	8	9	7	2	8	5	3
4	1	3	16	9	7			11	4	7

Solution Puzzle 150

		31	26		3	21		12	5
	3/12	1	2	11/17	2	9	12/7	9	3
	45	5	6	7	9	1	8	4	3	2
	24/15	2	5	9	8	6	4	2	32
28	9	4	7	8		3	1	2	17
15	6	1	8	8		13	14/8	5	9
7	11/24	4	7	22	28/18	6	5	9	8
8	6	2	34	1	9	8	7	3	6	3
4	1	3	17	13/14	6	7	15	9	7	2
	37/5	4	8	6	7	3	9	4/33	3	1
24	2	5	9	8		7	6	1	18	3
4	3	1	18			15/13	7	6	2
	14	9	5	16		12/5	2	6	3	1
	8	17/13	9	8	14/3	2	3	8	1	
45	2	6	4	5	1	3	7	9	8
13	6	7	5	3	2	3	1	2		

www.ingramcontent.com/pod-product-compliance
Lightning Source LLC
Chambersburg PA
CBHW021410210526
45463CB00001B/307